L'ARITHMÉTIQUE

DE LA

NOBLESSE COMMERÇANTE.

L'ARITHMÉTIQUE

DE LA

NOBLESSE COMMERÇANTE,

OU

ENTRETIENS D'UN NÉGOCIANT ET D'UN JEUNE GENTILHOMME,

SUR L'ARITHMÉTIQUE

APPLIQUÉE AUX AFFAIRES DE COMMERCE, DE BANQUE ET DE FINANCE.

Par M. D'AUTREPE, Syndic des Experts-Jurés-Écrivains.

PREMIER ENTRETIEN.

DES PRINCIPALES NOTIONS DE L'ARITHMÉTIQUE, ET DES QUATRE PREMIÉRES RÉGLES.

A PARIS,

Chez DURAND, Libraire, rue du Foin, la première porte cochère à droite, en entrant par la rue S. Jacques.

M. DCC. LX.

AVEC APPROBATION ET PRIVILÉGE DU ROI.

AVERTISSEMENT.

IL y a environ quinze ans que je compofai une fuite d'inftructions fur les opérations de l'Arithmétique, appliquée aux affaires de la finance, du commerce & de la banque. J'avois divifé ces inftructions en plufieurs entretiens, entre un négociant & un jeune homme qui veut embraffer le parti du commerce : ce plan m'avoit paru d'autant plus propre à donner l'intelligence de cette fcience, que je rapportois les objections qui m'avoient été faites par mes écoliers, & en même temps les réponfes, accompagnées de différens exemples, par lefquels j'avois réfolu leurs difficultés, & leur avois fait comprendre la raifon de leurs opérations.

Mon objet, en compofant ces inftructions, avoit été de les rendre publiques. J'y étois encouragé par le fuccès avec lequel je m'en étois fervi, pour former au calcul un grand nombre de perfonnes. J'aurois effectivement alors effectué ce projet, fi la réflexion que je fis fur la multitude d'ouvrages en ce genre, dont Paris eft inondé, ne m'en eût entièrement détourné : je ferrai donc mes cahiers, bien réfolu de ne les jamais mettre au jour ; & j'aurois perfévéré dans ce fentiment, fi l'obligation où je fuis de partager mon temps entre l'enfeignement de l'art d'écrire & celui de l'Arithmétique, ne m'eût fait connoître que mes écoliers, pour cette partie, tireroient un bien plus grand avantage de ces cahiers multipliés par l'impreffion, que d'un feul manufcrit qui ne peut paſſer que ſucceſſivement entre les mains de chacun, ou que d'inſtructions de vive voix que la mémoire ne conſerve pas toujours avec fidélité. J'ai donc vaincu ma répugnance, & je me détermine enfin aujourd'hui à les faire paroître. Je conviens que le plan de cet ouvrage entraîne après lui une certaine prolixité ; mais on ſentira qu'elle eſt indiſpenſable dans ce genre que j'ai choiſi, où les fréquentes répétions ſont néceſſaires, ſurtout à l'égard des commençans. D'ailleurs, ce même plan a encore une autre utilité ; c'eſt de laiſſer à chacun le choix de la partie qui peut l'intéreſſer, & d'en réduire parlà l'acquiſition à un prix très-modique.

Je donnerai ſucceſſivement chacun des entretiens qui compoſent cet ouvrage. Celui-ci renferme les élémens de l'Arithmétique, c'eſt-à-dire, les quatre règles, qui ſont la baſe de la ſcience du calcul.

Le ſecond traitera des Proportions, par conſéquent, de la règle de trois, ſimple, double, directe, indirecte & compoſée.

Le troiſième ſera ſur les Fractions.

Le quatrième comprendra l'application de la Règle de trois, ſur une quantité de queſtions relatives au commerce & à la finance ; ce qui formera un queſtionnaire très-propre à donner la pratique du calcul.

Le cinquième roulera ſur les Changes étrangers.

Le ſixième ſera conſacré à la démonſtration de la Règle conjointe, appliquée aux roulemens qui ſe font de place en place.

Le ſeptième, enfin, contiendra les principes de l'Arbitrage, avec des applications capables de donner l'intelligence de cette partie essentielle de la banque.

Si ce fruit de mon travail est goûté, je continuerai, en suivant le même plan, de donner des instructions sur la Tenue des livres à parties-doubles, qui, quoique bien traitée par Barême & La Porte, est cependant encore susceptible de recevoir plus de clarté & de diversité dans son objet.

Il me reste présentement à rendre compte du titre de mon ouvrage, & du choix de mon interlocuteur. Dans le temps où je composai ces instructions, j'avois alors chez moi plusieurs écoliers très-bons gentilshommes, mais peu favorisés de la fortune, lesquels se destinoient au commerce. Quelques-uns entrèrent au service de la Compagnie des Indes, d'autres passèrent dans nos colonies : enfin, il y en eut, qui, soutenus par de riches & puissans négocians, trouvèrent des places à Bayonne, à Cadix, à Amsterdam, &c. Ces jeunes gens, dont la façon de penser & les mœurs étoient dignes de leur naissance, m'occasionnèrent une réflexion, qui, je crois, vient naturellement à l'esprit de tout homme sensé. Un pauvre gentilhomme, sans autre ressource que sa propre industrie, qui sçait que le commerce est un moyen assuré pour sortir de la misère à laquelle il seroit condamné toute sa vie, & qui l'embrasse malgré le préjugé, est un homme d'autant plus estimable & précieux à la société, qu'il entre dans les vues de l'auteur de son être, qui ne l'a créé que pour coopérer, par son travail, au bien de cette même société dont il fait partie. Cette réflexion me conduisit à supposer un jeune gentilhomme sans bien, qu'une

nobleé mulation jette dans le parti du commerce, &
qui, pour en acquérir les premières connoiſſances,
s'adreſſe à un négociant, ami de ſa famille : voilà la
raiſon du choix de mon interlocuteur. La fameuſe
controverſe qui s'eſt élevée depuis pluſieurs années,
entre les partiſans de la *Nobleſſe militaire* & de la
Nobleſſe commerçante, n'étant pas encore terminée,
je peux donc riſquer, ſans crainte de blâme, non ſeulement de faire connoître mes ſentimens ſur cette
matière, maïs encore d'offrir à la nobleſſe, qui em-
braſſera le commerce, un ouvrage dans lequel elle
apprendra tout ce qu'il eſt eſſentiel de ſçavoir pour la
manutention des affaires de ce même commerce.
Voila la raiſon du titre de mon ouvrage.

ENTRETIENS
SUR L'ARITHMETIQUE,
OU
INSTRUCTIONS
D'UN NÉGOCIANT
A UN JEUNE GENTILHOMME.

PREMIER ENTRETIEN.

NOTIONS PRÉLIMINAIRES SUR L'ARITHMÉTIQUE, *& démonstration des quatre premieres opérations.*

LE CHEVALIER.

JE m'adresse à vous, Monsieur, avec toute la confiance possible, non seulement pour vous faire part de la résolution dans laquelle je suis d'embrasser le parti du commerce, mais encore pour vous prier de m'aider de vos conseils & de vos lumières. La fortune médiocre de mes parens, absorbée en partie par la pension qu'ils sont obligés de donner à mon frère aîné, qui est dans le service, ne me laisse d'autre ressource que celle du commerce. Je crois qu'il sera plus honorable pour moi de me livrer aux travaux de cet état, que de végéter tristement dans le fief de mon père, au milieu d'une famille que j'aime, & à laquelle je ne pourrois être d'aucune utilité, si, en me mettant au-dessus d'un

A

vain préjugé, je ne cherchois, par une honorable induſ-
trie, à lui procurer les ſecours qu'elle a droit d'attendre
d'un fils tendre & reſpectueux & d'un bon frère.

Le Négociant.

Vous ne vous êtes pas trompé, Monſieur, en me donnant votre confiance. Indépendamment de l'amitié qui me
lie avec vos parens, votre façon de penſer, auſſi ſolide que
noble & généreuſe, eſt un nouveau motif pour m'engager
à vous donner les inſtructions qui vous ſont néceſſaires &
que le commerce exige.

L'intelligence de la ſcience des nombres eſt actuellement pour vous l'objet le plus intéreſſant à acquérir ; ce doit être votre unique étude. Quant aux autres
parties qui font le parfait Négociant, vous comprenez
que la pratique du commerce eſt le ſeul moyen par lequel vous puiſſiez les acquérir. Jé me bornerai donc à vous
inſtruire pour le préſent de l'Arithmétique appliquée ſur
tous les différens objets qu'embraſſent le commerce, la
banque & la finance. Je ferai en ſorte de vous développer
ſes opérations, d'une manière claire, préciſe & capable de
vous en faire ſentir les raiſons. Mais, auparavant que de
commencer ce travail, il eſt à propos de vous donner une
juſte idée de la profeſſion que vous voulez entreprendre, &
de vous faire connoître combien eſt faux le malheureux
préjugé dont vous avez l'avantage d'être vainqueur, & qui
retient vos pareils dans une inaction auſſi honteuſe que pré-
judiciable à l'intérêt ſocial & particulier.

Peu de perſonnes connoiſſent les qualités qui forment le
Négociant : on s'imagine que c'eſt un homme ſervilement
attaché à une profeſſion obſcure ; qui n'a beſoin, pour ſon
trafic, que de quelques vues générales, quelques connoiſſances bornées ; dont l'intérêt dirige toutes les actions ; &
que l'on croit peu ſuſceptible de ces ſentimens qui font le
partage des ames nobles & généreuſes. Rien de plus faux
que cette idée : je ne m'arrête pas à la réfuter. Il me ſuffit,
pour la détruire, de vous expoſer en peu de mots les qualités qui conſtituent le Négociant.

Un Négociant eſt un homme d'une probité à toute épreu-ve ; jaloux de ſa réputation, juſqu'à ſacrifier ce qu'il a de plus précieux pour la conſerver : c'eſt un homme actif, vigilant, laborieux, qui ne prend de repos & de délaſſement que quand la tâche que lui preſcrivent ſes affaires eſt remplie : ſobre, tempérant, ennemi de la folle ſomptuoſité de la table, & des excès qui l'accompagnent : ſimple, modeſte dans ſon extérieur, & entièrement éloigné de ce faſte ridicule qui confond aujourd'hui toutes les conditions : c'eſt un homme qui poſsède l'hiſtoire, la géographie, les mathématiques, qui entretient la correſpondance de ſon commerce dans la langue de l'étranger avec lequel il le fait : c'eſt un citoyen dont les richeſſes font fleurir l'Etat, & qui les ſçait employer avec autant de profuſion que de généroſité, dès que la défenſe ou l'honneur de ſa patrie le requièrent : enfin, c'eſt un homme qui ſupporte la perte de ſes biens avec cette indifférence noble & tranquille qui caractériſe la vraie & ſaine philoſophie. Ne croyez pas, Monſieur, qu'il y ait rien d'outré dans ce portrait; j'en appelle à l'expérience de tous les temps, & aux excellens ouvrages qui nous ont tranſmis le nom de ces grands Négocians, d'après leſquels je viens de vous tracer cette foible eſquiſſe. Avec le bon ſens & l'eſprit que je vous connois, faites le parallèle de ce tableau avec celui de ce gentilhomme ignorant, preſque nud, inutile à lui-même, à ſa famille, à ſa patrie, mais vain, orgueilleux, fier juſqu'à l'impudence de la vertu de ſes ancêtres : & jugez auquel des deux vous deſireriez de reſſembler. Je préviens d'avance votre choix ; & je ne doute nullement que vous ne parveniez à réunir tous ces différens traits qui caractériſent le vrai Négociant. Cette petite digreſſion, qui m'a paru Néceſſaire pour vous donner une idée convenable de l'état que vous allez embraſſer & des obligations que vous contracterez en même temps, nous a éloignés du ſujet qui doit faire l'objet de notre étude & de nos entretiens : mais j'y reviens, en vous priant de croire que mon intention n'eſt point de m'appliquer aucun des traits dont je me ſuis ſervi pour vous peindre le Négociant, ſinon ceux de l'honneur & de la probité que j'ai toujours eu à cœur de ne jamais défigurer.

LE CHEVALIER.

Non feulement ils vous caractérifent, Monfieur ; mais l'étendue de vos connoiſſances . . . . . .

LE NÉGOCIANT.

Ah ! mon cher Chevalier, vous êtes trop bien élevé pour tenir un autre langage. Entrons en lice. Voyons à qui nous fommes redevables de l'Arithmétique, & fuivons par dégrés les différentes opérations qui conſtituent cette fcience, dont l'application eſt fi néceſſaire à tous les états.

Il y en a qui prétendent que les aftronômes Chaldéens & Arabes fonc les inventeurs de l'Arithmétique : cette tradition eſt fondée fur les monumens qu'ils nous ont laiſſés de cette fcience, & fur les chiffres dont nous nous fervons aujourd'hui, qui doivent leur configuration & la combinaifon de leur valeur & de leur arrangement aux Arabes : auſſi les diftingue-t-on, par cette dénomination particulière, de ceux qui doivent leur forme à d'autres nations ; tels que les chiffres Romains, les chiffres François ou de finance.

D'autres veulent que cette admirable invention nous vienne des Indiens, ou du moins des premiers hommes qui ont peuplé cette partie de l'univers. Quant à moi, mon fentiment eſt que l'Arithmétique eſt auſſi ancienne que le monde.

Cette hypothèfe paroît d'autant plus probable, qu'en remontant au premier âge, non feulement on trouvera l'Arithmétique en ufage, mais on conviendra qu'il étoit impoſſible que tous les hommes n'en euſſent pas les premières notions : & vous en allez juger. Un homme, qui fe confidéroit ifolé de tout individu femblable à lui, devoit abfolument concevoir l'idée de l'unité : dès qu'un autre homme fe préfentoit à fa vue, l'idée d'une autre unité, qu'il pouvoit joindre à la fienne, s'offroit à fon efprit : or, en augmentant toujours d'une unité jufqu'à une certaine quantité volontaire, il s'enfuivoit naturellement une dernière idée de l'aſſemblage de toutes ces unités, dont cet homme pouvoit exposer la totalité par une expreſſion quelconque : ainſi, il avoit donc non ſeulement les notions, mais encore la pratique de l'addition.

Je dis que ce même homme ayant exprimé d'une manière quelconque les unités dont il étoit environné, & l'idée de ce total ſubſiſtant dans ſon eſprit tant que les unités qui le compoſoient continuoient à ſe repréſenter ; je dis que cet homme, lors de l'abſence d'une de ces unités, devoit néceſſairement concevoir l'idée de la diminution de cette unité ſur ce total ; & cette idée de diminution devoit naturellement être ſuivie de celle du reſtant des unités de ce premier total, duquel elle avoit été retranchée : or, il eſt aiſé de comprendre que cette idée de retranchement, & celle du reſtant des choſes deſquelles on a retranché, ſont exactement celles de la ſouſtraction.

Ces idées, comme vous voyez, ſont ſimples & naturelles : celles des proportions ne le ſont pas moins. Preſque tout le monde s'imagine que la multiplication & la diviſion, troiſième & quatrième règles de l'Arithmétique, ſont des opérations particulières : & quoique, pour réſoudre la règle que l'on appelle de trois ou de proportion, on ne puiſſe faire uſage que de ces deux opérations, néanmoins beaucoup de perſonnes les diſtinguent & en font des règles particulières, ainſi que de cette dernière. Je veux vous affranchir de cette erreur commune ; & vous faire voir que la multiplication & la diviſion, quoiqu'ayant des objets différens dans le réſultat de leurs opérations, ne ſont néanmoins qu'une ſuite néceſſaire de l'idée des proportions de laquelle elles tirent leur exiſtence. Voici de quelle manière je raiſonne pour le prouver. Commençons par la multiplication ; & reprenons cet homme qui nous a déjà inſtruits de l'addition & de la ſouſtraction.

Je le vois au milieu de ſes troupeaux. Il a cent brebis qui, depuis pluſieurs années, n'ont jamais manqué de lui donner chacune par année un agneau. L'idée de l'accroiſſement de ce troupeau eſt une ſuite naturelle de celle de l'addition, qui fait ſentir qu'un nombre quelconque doit augmenter à meſure qu'on le charge d'une unité. Mais l'idée qui tend à fixer la valeur de cet accroiffement, liée à celle de la circonftance d'un certain temps, duquel dépend la valeur plus ou moins confidérable de ce même accroiffement, eft une fuite néceffaire de l'idée des proportions que je prétends être naturelle à tous les hommes.

Cet homme, en réfléchiffant que cent brebis lui donnoient chacune par année un agneau, concevoit l'idée d'un total de cent agneaux. Or, en fuppofant l'augmentation du même nombre pendant fix ans, il fentoit que le produit total de l'accroiffement devoit être autant de fois plus grand, ou contenir autant de fois le produit de la fécondité annuelle, que l'unité étoit répétée de fois dans le nombre qui exprimoit la quantité des années : ainfi, en augmentant fix fois le produit de la fécondité annuelle, qui étoit cent, il trouvoit le produit de l'accroiffement entier de la fécondité annuelle pour les fix années ; il faifoit donc une multiplication ; & ce n'étoit qu'en conféquence de l'idée des proportions qu'il raifonnoit de cette manière. Vous en allez convenir.

Ne devoit-il pas dire, cet homme : Si en un an je retire cent agneaux, je dois abfolument en fix ans en retirer fix cens ; parce que le nombre des années defquelles je veux connoître la fécondité étant fix fois plus grand que l'unité qui me donne cent agneaux, je dois donc néceffairement avoir un produit fix fois plus grand que celui de cent aggneaux ; & ce produit fera fix cens ?

L E C H E V A L I E R.

Il eft vrai, Monfieur, que ce raifonnement eft d'autant plus évident, qu'il eft très-naturel ; & je crois qu'il ne peut y avoir perfonne, qui, dans un pareil cas, ne foit affecté des mêmes idées.

L E N É G O C I A N T.

Je fuppofe à préfent que cet homme veut partager, entre douze de fes enfans, fix cens agneaux. Il pourroit les affembler autour de ce troupeau, & leur faire retirer, chacun en même temps, un certain nombre d'agneaux ; action qu'il réitéreroit jufqu'à ce qu'il n'en reftât plus à partager. Mais, en imaginant que l'abfence de quelques-uns empêche cette manière de procéder, quelles peuvent être les idées fur lefquelles cet homme affeoira ce partage ?

Si l'idée de l'unité, partageant feule la quantité de fix cens agneaux & fe les appropriant, fe préfente à fon efprit ; celle de plufieurs unités, affociées à ce partage, lui fait fentir que le lot de l'unité ne peut être qu'en raifon de la quantité de celles qui doivent partager avec elle : c'eft-à-dire que, plus elles feront, moins elle aura d'agneaux ; & que, moins elles feront, plus elle en aura. Or, cet homme concevant que, fi l'unité eft contenue fix cens fois dans fix cens, douze unités n'y peuvent être contenues qu'une quantité de fois inférieure ; & que, fi fix cens agneaux font le lot de l'unité partageant feule, le lot de cette même unité ne peut être que cette quantité inférieure qui doit réfulter des fix cens partagés entre douze unités : il fe préfente donc à fon imagination une dernière idée, qui lui fait conclure que le nombre repréfentant la quantité de fois que douze unités font contenues dans fix cens, doit être néceffairement le lot de l'unité ; parce que, fi l'unité prend un agneau, douze unités prennent douze agneaux ; & que le nombre repréfentant la quantité de fois que douze unités font contenues dans fix cens, repréfente en même temps l'action réitérée des douze unités qui prennent chacune un agneau, jufqu'à ce qu'il n'en refte plus, ou qu'il n'en demeure qu'une quantité inférieure au nombre de douze unités qui prétendent à ce partage.

Ces idées déterminent non feulement la divifion, dont l'objet eft de partager un nombre donné en une certaine quantité de parties égales ; mais encore celles des proportions, defquelles ces idées précédentes font une fuite néceffaire ; en ce qu'elles ont fait fentir à cet homme que, fi douze unités retirent enfemble fix cens agneaux, une unité en doit retirer une quantité qui contiendra cette même unité autant de fois que fix cens contiendront douze unités ; & que douze unités étant cinquante fois dans fix cens, le lot de l'unité doit être cinquante agneaux, qui contiennent cinquante fois l'unité.

Le Chevalier.

Vous développez ces idées, Monfieur, d'une manière
tout-à-fait naturelle. Cependant j'ai vu beaucoup de perfonnes qui fçavoient par principes les quatre premières opérations de l'Arithmétique, & qui néanmoins fe trouvoient
embarraffées pour réfoudre une queftion qu'on leur propo-
foit: elles ignoroient quelle opération devoit fervir à fa folution. Or fi, avec les connoiffances des principales règles
de l'Arithmétique, on eft embarraffé fur le choix de celle qui
eft propre à la folution de la queftion propofée, comment
accorder cette impuiffance avec ces idées naturelles de l'A-
rithmétique que vous donnez à tous les hommes, & par
lefquelles vous leur faites réfoudre, fans autre fecours que
celui de leurs propres lumières, toutes les queftions ima-
ginables?

Le Négociant.

Cette impuiffance ne détruit pas mon fyftême. Tous les
hommes ont l'idée des proportions: les principes de l'A-
rithmétique ne font fondés que fur les proportions: donc
tous les hommes font arithméticiens, & peuvent opérer
en conféquence. Mille exemples vous le prouveroient.
Donnez, par une convention réciproque, au plus ftupide de
tous les hommes quatre brebis pour deux chevreuils: que,
le lendemain, ce même homme vous donne quatre chevreuils, & ne lui donnez que fept brebis; il refufera votre
échange, en vous faifant entendre que le double de chevreuils exige le double de brebis; parce que l'idée des
proportions, qui lui eft naturelle, fe préfente d'abord à fon
efprit; & lui fait fentir que, fi deux chevreuils ont valu quatre brebis, quatre chevreuils doivent néceffairement valoir
huit brebis. Vous voyez donc bien qu'il ne faut pas attri-
buer cette impuiffance aux défauts de lumière naturelle,
mais feulement à l'ignorance des moyens par lefquels on
peut faire ufage de ces lumières. Car il eft effentiel de diftinguer les idées des moyens. Ce ne font pas les moyens
qui donnent l'exiftence aux idées; au lieu que c'eft par le

fecours

secours des idées que l'on parvient à la connoissance des moyens : or, ces moyens ne sont que la manière de combiner la valeur des figures qui représentent les choses ; & cette manière de combiner la valeur de ces figures est ce qui constitue la science des nombres que l'on acquiert par un travail raisonné, & qui n'est tel que quand il est fondé sur ces idées de proportion, naturelles à tous les êtres raisonnables.

Ce qui peut donc embarrasser ces personnes qui sçavent les quatre opérations de l'Arithmétique, dans le choix de celle qui est propre à la solution d'une question quelconque, ne peut venir que des faux moyens qu'elles emploient, qui détournent l'usage naturel des idées qui leur sont propres, & qui les laissent, par conséquent, dans cette indécision qui caractérise encore moins leur impuissance, que l'ignorance de ceux qui leur ont servi de guides. D'ailleurs, l'époque des temps & l'intérêt personnel, qui n'est que peu ou point du tout compromis aujourd'hui dans l'étude des opérations du calcul, concourent à affoiblir ces idées que les besoins réciproques des hommes du premier âge faisoient naître naturellement, & qui se réveilleroient bientôt dans ceux de nos jours sans aucun secours étranger, si les circonstances les obligeoient de ne commercer ensemble que par échange.

Le Chevalier.

Je suis de votre sentiment, Monsieur : l'intérêt & la nécessité sont de puissans motifs pour mettre les hommes en mouvement : ce sont eux à qui nous sommes redevables certainement de toutes les découvertes qui ont été faites dans les arts & les sciences, & de toutes les commodités dont nous jouissons. Mais ces idées de proportion, sur lesquelles vous dites que l'Arithmétique est fondée, sont-elles assez générales pour résoudre toutes les difficultés dont cette science est susceptible ? D'ailleurs, la supposition que vous venez de faire précédemment, pour établir l'existence de ces mêmes idées de proportion dans l'esprit de tous les hommes sont simples & naturelles ; leur solution appartient au bon fens & à la réflexion : mais auffi combien ne peut-il pas fe rencontrer de circonftances où les nombres, n'ayant plus entre eux de rapports connus, rendent inutiles ces idées de proportion par l'impoffibilité d'en faire ufage ?

LE NÉGOCIANT.

Alors il faut avoir recours aux moyens. Reffouvenez-vous, mon cher Chevalier, de ce que je viens de vous dire, & que je vous répète : Ce ne font pas les moyens qui donnent l'exiftence aux idées ; mais c'eft par le fecours des idées que l'on parvient à la connoiffance des moyens. Les proportions font la bafe des principes de l'Arithmétique. La manière de combiner les différentes valeurs, repréfentées par les chiffres, font les moyens, & le réfultat de ces idées. La pratique de ces moyens eft donc l'étude de la fcience des nombres, qui, comme je vous l'ai dit auffi, n'eft folide & fructueufe, que quand elle eft fondée fur les proportions. Elles doivent toujours vous fervir de bouffole, mon cher Chevalier, dans la folution des queftions de commerce, de banque ou de finance, que l'on vous propofera de réfoudre. Jugez de leur fécondité par l'application que toutes les fciences en font dans les différens objets qu'elles embraffent, méchaniques, aftronomie, phyfique, &c. Leur théorie n'eft établie que fur elles. Tout ce que vous voyez dans ce vafte univers les annonce ; la révolution conftante des aftres & des faifons ; ce fentiment qui unit tous les hommes, & qui les met en fociété ; l'ordre qui règne dans cette fociété. La gloire, la baffeffe, l'honneur, l'infamie, la vertu, le vice, les récompenfes, les châtimens, nos loix même, toutes ces chofes ont des proportions relatives à nos befoins, à notre climat, à notre éducation, à nos paffions, à nos préjugés : enfin, il n'eft rien, au-dedans ou au-dehors de nous-mêmes, qui ne tende à quelque rapport direct ou indirect, duquel dépend l'ordre de nos penfées & le motif de nos actions.

LE CHEVALIER.

Je n'aurois jamais imaginé, Monfieur, que les proportions puffent fe concevoir dans un fens auffi étendu.

LE NÉGOCIANT.

Rien n'eft plus certain cependant. Mais ; comme notre deffein n'eft que d'en appliquer les propriétés aux objets mercantiles & cambiftes, laiffons donc aux philofophes & aux phyficiens l'analyfe de l'application fpéculative des pro-portions, pour ne nous attacher qu'à celles qui font de notre reffort, & dont nous avons befoin.

Le commerce ne fe fait plus par échange ; mon cher Chevalier, fi ce n'eft encore avec quelques nations fau-vages, réléguées aux extrémités du grand continent. L'or & l'argent font devenus les fignes de la valeur des chofes ; & ce n'eft qu'avec ces mêmes fignes que l'on apprécie au-jourd'hui les richeffes en tout genre, & les productions du fol ou de l'induftrie nationale de chaque pays.

Les chofes qui font la matière du commerce réciproque de tous les habitans de l'univers, étant plus ou moins pré-cieufes, plus ou moins abondantes, plus ou moins nécef-faires, il doit s'enfuivre une évaluation proportionnelle de la nature & de la différence de ces chofes avec les fignes qui en repréfentent la valeur. L'impoffibilité de détermi-ner des fignes propres à exprimer avec exactitude la valeur de chaque chofe en particulier, fit imaginer la multiplicité de ces fignes, dans des proportions diminutives & propor-tionnelles, dont les différentes valeurs réunies égaloient celle d'un figne d'une plus grande valeur : voilà l'origine de nos monnoies, qui n'étoient alors que des morceaux in-formes & groffiers d'or, d'argent (*a*) ou de cuivre, mar-qués d'un certain chiffre ou caractère qui en indiquoit le poids & la fineffe de la matière. Bientôt la mauvaife foi troubla l'invention fi utile de cette monnoie naiffante, par les malverfations qui fe commettoient dans le poids ou dans la matière des pièces. Mais l'autorité publique intervint : & de-là font venues les premières empreintes des monnoies, auxquelles fuccédèrent les noms des monnétaires ; & depuis

______
(*a*) Diction. de Commerce.

encore les effigies des princes, les années des confulats, les légendes, les millefimes, les grenitis, & les autres marques & précautions qu'on a prifes contre l'altération des efpèces.

Ce n'étoit pas affez d'avoir imaginé un moyen capable d'exprimer la valeur des chofes dont on fait commerce, & de leur fervir de prix : il n'étoit pas moins néceffaire d'inventer d'autres moyens, par lefquels on pût déterminer l'étendue, le poids & la quantité de ces mêmes chofes, pour en faciliter la vente relativement aux befoins des acquéreurs. Ces moyens ne furent pas difficiles à imaginer : des pierres de diverfes pefanteurs fervirent à établir le poids des corps folides ; des bâtons, ou d'autres inftrumens d'une certaine longueur, fixèrent celle des corps étendus ; & des vafes plus ou moins grands déterminèrent la quantité ou le volume des corps liquides : voilà l'origine des poids de fer ou de plomb, des aunes, des mefures de continence, & des divifions & fubdivifions dont chacun de ces objets eft fufceptible. Vous ne ferez pas étonné, mon cher Chevalier, de la différence qui eft entre les poids & les mefures d'un pays & ceux d'un autre qui lui eft étranger ; comme, par exemple, l'Angleterre & l'Efpagne, l'Allemagne & l'Italie, &c. : mais vous ferez furpris que, dans le même pays, non feulement chaque province, mais quelquefois même chaque ville, diffèrent à cet égard les unes des autres. En vain nos princes ont effayé, dans plufieurs occafions, de réduire les poids & les mefures des pays de leur domination à une égalité refpective ; les inconveniens qui feroient réfultés de ce projet l'ont fait abandonner. Ces chofes fubfiftent donc telles qu'elles ont été établies ; & le long ufage eft une efpèce de prefcription contre toute entreprife qui tendroit à l'abolir.

Ces poids, ces mefures, ces monnoies, dont les chiffres repréfentent les quantités, font les chofes fur lefquelles on exécute les différentes opérations du calcul.

Il eft queftion de vous en développer les principes, & de vous faire connoître que ces mêmes principes ne doivent leur exiftence qu'aux proportions, afin de vous mettre en état d'en faire une application raifonnée, fur tous les objets relatifs au commerce, à la banque ou à la finance. Mais, auparavant que de commencer, je crois que vous ne ferez pas fâché que je vous inftruife, en peu de mots, de la valeur des chiffres Romains & François, & de la manière dont on les arrange.

Le chiffre Romain eft compofé de quelques lettres initiales de l'alphabet Romain, d'où, vraifemblablement, il tire fon nom: ou, peut-être auffi, de ce que ce peuple avoit coutume de s'en fervir pour l'infcription des monumens publics, élevés à l'honneur des Dieux ou des grands hommes qui avoient bien fervi la république : ou, enfin, pour conferver la mémoire de certains événemens finguliers ou honorables à l'Empire.

Ces lettres numérales qui compofent le chiffre Romain font au nombre de fept : fçavoir, I, V, X, L, C, D, M : l'I fignifie un ; l'V, cinq ; l'X, dix ; l'L, cinquante ; C, cent ; D, cinq cens ; & l'M, mille. L'I, répété deux fois, fait deux, II ; répété trois fois, fait trois, III ; répété quatre fois, fait IIII, qui s'exprime auffi de la forte, IV, parce que l'I mis devant l'V & l'X, diminue une unité du nombre que chacune de ces lettres repréfente. On exprime ainfi fix VI, fept VII, huit VIII. Neuf s'exprime par un I mis devant un X, IX, conformément à la remarque précédente. L'on peut faire une remarque femblable fur l'X, lorfque cette lettre fe trouve devant l'L ou le C ; à la réferve néanmoins que c'eft en dixaines, & non pas en unités, que confifte la diminution : ainfi, XL fignifie quarante, qu'on peut écrire XXXX ; & XC quatre-vingt-dix, qui s'exprime auffi par LXXXX. Deux XX font vingt; trois, trente, XXX. Une L fuivie d'un X, foixante, LX ; fuivie de deux, foixantedix, LXX ; & fuivie de trois, quatre-vingt, LXXX.

Deux CC font deux cens; trois font trois cens, CCC ; & quatre, quatre cens, CCCC, qu'on peut auffi exprimer en mettant un C devant un D, CD; le C devant le D & devant l'M les diminuant chacune d'une centaine, & CM ne faifant que neuf cens, qu'on écrit encore de cette manière DCCCC.

Outre la lettre D, qui fait cinq cens, on peut encore

exprimer ce nombre par un I devant un C retourné de la forte IↃ ; & de même, au lieu de l'M qui fignifie mille, on peut fe fervir de l'I entre deux C, le premier dans la fituation ordinaire, & le fecond retourné comme dans la figure fuivante CIↃ.

T A B L E.

VALEUR des CHIFFRES.	CHIFFRE commun Arabe ou Arabique	CHIFFRE ROMAIN.	CHIFFRE FRANÇOIS
Un.....................	1	I...	j.
Deux..................	2	II..	ij.
Trois..................	3	III..	iij.
Quatre................	4	IV..	$iiij$.
Cinq..................	5	V...	b.
Six....................	6	VI..	bj.
Sept..................	7	VII..	bij.
Huit..................	8	VIII...	$biij$.
Neuf..................	9	IX...	ix.
Dix....................	10	X..	x.
Vingt.................	20	XX...	xx.
Trente................	30	XXX...	xxx.
Quarante.............	40	XXXX. ou XL...................	xl.
Cinquante...........	50	L...	l.
Soixante.............	60	LX..	lx.
Soixante-dix ou Septante.........	70	LXX......................................	lxx.
Quatre – vingt, Huitante ou Octante.........	80	LXXX...................................	$iiij^{xx}$.
Quatre-vingt-dix ou Nonante......	90	LXXXX ou XC...............	$iiij^{xxx}$,
Cent..................	100	C..	C.
Deux cent...........	200	CC..	ij^c.
Trois cent...........	300	CCC..	iij^c.
Quatre cent.........	400	CCCC ou CD.....................	$iiij^c$.
Cinq cent............	500	D. ou IↃ...............................	b^c.
Six cent..............	600	DC. ou IↃC........................	bj^c.
Sept cent............	700	DCC. ou IↃCC..................	bij^c.
Huit cent.............	800	DCCC. ou IↃCCC..........	$biij^c$.
Neuf cent............	900	DCCCC. ou IↃCCCC. ou CM.	ix^c.
Mille.................	1000	M. ou CIↃ...........................	

Le chiffre François, ainfi nommé, parce qu'il a été inventé en France, & qu'il n'y a guère qu'en ce royaume que l'on s'en ferve, eft celui qu'on nomme plus communé-ment chiffre de compte ou de finance.

Ce chiffre n'eft compofé que de fix figures, partie prifes des lettres de l'écriture courante ufitée en France, & par-tie imaginées par l'inventeur. Ces fix caractères font,

j. b. x. l. c. &

L'*j* confonne fignifie un ; le *b*, cinq ; l'*x*, dix ; l'*l*, cin-quante ; le *c*, cent ; & le dernier caractère   , mille.

Comme ce chiffre eft une imitation du chiffre Romain, on peut avoir recours à ce qu'on a dit ci-deffus ; particuliè-rement pour la combinaifon de certaines lettres, qui, mifes devant ou après, augmentent ou diminuent les caractères auxquelles elles font ajoutées, ou d'unités, ou de dixaines, ou de centaines. Cependant il y a trois remarques, qui font propres feulement au chiffre François ; Sçavoir :

1°. Que, lorfqu'il y a plufieurs unités de fuite, il n'y a que la dernière qui foit exprimée par l'*j* ; & que les autres font toujours des *i* voyèles, c'eft-à-dire, qui n'ont point de queue, comme on peut remarquer dans deux *ij*, trois *iij*, quatre *iiij*, fept *bij*, huit *biij*.

2°. Que quatre-vingt & les deux dixaines fuivantes juf-qu'à cent, fe marquent par les caractères fuivans, *iiij*ˣˣ quatre-vingt-un *iiij*ˣˣ*j* ; quatre-vingt-deux *iiij*ˣˣ*ij* ; quatre-ving-neuf *iiij*ˣˣ*ix* ; quatre-vingt-dix *iiij*ˣˣ*x* ; & le refte.

3°. Qu'à l'égard du *c*, qui exprime le cent, il fe met un peu au-deffus des autres caractères qui en marquent le nom-bre ; ainfi on met deux cens *ij*ᶜ ; trois cent *iij*ᶜ cinq cens *b*ᶜ ; fept cens *bij* ; neuf cens *ix*ᶜ, &c.

L'ufage de ces deux différens chiffres fe reftreint (*a*), pour le premier, aux infcriptions des monumens publics, pour faire connoître le temps de leur conftruction ; ou fur les médailles, &c. pour y marquer l'année qu'elles ont été frappées ; ou pour ajouter au nom des princes de qui elles

---

(*a*) Dictionnaire de Commerce.

ont l'effigie, afin de fixer leur rang de fucceffion, & les diftinguer des autres princes du même nom.

Les Imprimeurs ont coutume de fe fervir de ce chiffre, particulièrement pour marquer l'ordre des chapitres, & les divers articles des fommaires, &c.

Quand au fecond, il eft principalement en ufage dans toutes les Chambres des Comptes du royaume, où il eft employé dans les comptes en forme qu'y doivent rendre les tréforiers, fermiers, receveurs & autres gens d'affaires, qui manient les deniers & finances du Roi. C'eft auffi de ce chiffre dont fe fervent la plupart des gens de pratique, Greffiers, Procureurs, Huiffiers, &c. pour dreffer leurs mémoires déclarations & arrêtés de frais & dépens : en un mot, tous ceux qui ne font leurs calculs qu'en jettons.

Entrons en matière. Ce que je vous ai dit précédemment doit vous faire fentir que l'Arithmétique eft la fcience des nombres, c'eft-à-dire, le moyen qui conduit à fupputer ou calculer avec exactitude diverfes fommes propofées pour en connoître la valeur. Les opérations dont on fe fert pour y parvenir fe réduifent à quatre, que l'on appelle Addition, Soustraction, Multiplication & Division.

Paffons maintenant à la numération.

DE LA NUMÉRATION.

On appelle nombre l'affemblage d'une ou plufieurs figures qui expriment une valeur : ainfi ces caractères, que nous appellons chiffres Arabes, peuvent donc exprimer toutes fortes de nombres.

0   1   2   3   4   5   6   7   8   9.

La première, que l'on appelle zéro, n'a, d'elle-même, aucune valeur; mais elle en donne aux autres. Ainfi, quatre ne vaut que quatre; mais fi, à la fuite, on ajoute un zéro, ce quatre vaut alors autant de dizaines qu'il valoit d'unités; ce qui fait 40. Si l'on en ajoute un fecond, il

vaut

vaut autant de centaines qu'il exprimoit de dixaines ; ce qui fait 400, &c.

Ce n'est pas assez d'être instruit que c'est par le moyen de ces dix figures qu'on exprime toutes sortes de valeurs ; il faut encore sçavoir les nombrer, pour en connoître le montant : voici de quelle façon l'on doit s'y prendre. On me donne la somme suivante à nombrer, & l'on me demande quelle valeur elle exprime :

|345|456|376|987

Je sépare, premièrement, mes chiffres de trois en trois, en allant de droite à gauche : cette séparation forme quatre cases, que j'appelle, en allant toujours de droite à gauche, la première case des livres, la seconde case des mille, la troisième case des millions, la quatrième case des milliards. Et, s'il se trouvoit encore des chiffres au-delà de cette dernière case, on pourroit en former d'autres, en leur donnant une dénomination qui les distinguât des précédentes, comme milliasses, &c.

Chaque case est composée de trois chiffres, dont on exprime séparément la valeur par trois expressions, qui se repètent à chaque case : ces expressions sont, nombre, dixaines, centaines. Ainsi, il n'y a que la dénomination particulière de la case à prononcer, pour en marquer la différence ; puisque chaque chiffre vaut, à l'expression des centaines, autant de centaines qu'il contient d'unités ; à l'expression des dixaines, autant de dixaines qu'il contient d'unités ; à l'expression des nombres, autant d'unités qu'il en contient en soi-même. De sorte que cette somme exprime donc,

milliards	*millions*	*mille*	*livres*
345	456	376	987.

Trois cens quarante-cinq milliards, quatre cens cinquante-six millions, trois cens soixante-seize mille, neuf cens quatre-vingt-sept livres.

LE CHEVALIER.

Je conçois parfaitement, Monsieur, ce que vous me

Ier. Entretien.   C

faites l'honneur de me dire. Mais cependant, s'il se trouvoit des zéros dans une somme que l'on me proposeroit de nombrer, je crois que je serois un peu embarrassé : suppofons, par exemple, cette somme :

$$1 \mid 050 \mid 405.$$

LE NÉGOCIANT.

Vous ne le serez pas en pratiquant ce que je viens de vous dire. Séparez vos chiffres de trois en trois pour former vos cafes. Vous en avez deux : dans la troisième cafe, vous n'avez qu'un chiffre ; c'est donc la première expreffion de la cafe des millions, qui est ce qu'on appelle nombre ; c'est une unité, vous direz donc un million. Vous avez un zéro à la troisième expreffion des mille ; il faut paffer cette expreffion pour prononcer la seconde, qui est celle des dixaines de mille , & dire, cinquante mille ; parce qu'à la première expreffion de la même cafe, qui est nombre, il y a encore zéro. Le chiffre de la troisième expreffion de votre premiere cafe, qui est centaine, étant un 4, vous direz quatre cens ; la seconde expreffion étant un zéro, vous la pafferez encore pour prononcer la première, qui est nombre, & qui exprime cinq unités de livres. Ainfi, cette fomme fait donc un million, cinquante mille, quatre cens cinq livres.

LE CHEVALIER.

Me voilà fuffifamment inftruit, & ce dernier exemple vient de lever toutes mes difficultés à cet égard. Je vous prie, Monfieur, de vouloir bien continuer ce que vous avez à me dire fur la matière qui fait l'objet de vos inftructions.

LE NÉGOCIANT.

Volontiers. Mais, avant tout, j'ai à vous recommander le fréquent ufage de cette table, qui vous procurera le double avantage de calculer jufte & avec facilité.

$$
\begin{array}{r}
346 \\
2 \\
\hline
692 \\
3 \\
\hline
2076 \\
4 \\
\hline
8304 \\
5 \\
\hline
41520 \\
6 \\
\hline
249120 \\
7 \\
\hline
1743840 \\
8 \\
\hline
13950720 \\
9 \\
\hline
125556480 \\
\end{array}
$$

62778240 *moitié.*

20926080 *tiers.*

5231520 *quart.*

1046304 *cinquième.*

174384 *sixième.*

24912 *septième.*

3114 *huitième.*

346 *neuvième.*

On pose une somme à volonté, que l'on multiplie par deux, le produit par trois, ce dernier produit par quatre, & ainsi des autres jusqu'à neuf : ensuite, du dernier produit prenant la moitié, du produit de cette moitié prenant le tiers, du tiers prenant le quart, & ainsi des autres, la neuvième partie du dernier reſtant doit être la première ſomme que l'on a multipliée : obſervant qu'en prenant le tiers, quart, &c., il ne doit jamais rien reſter ; & que, ſi cela arrive, c'eſt une faute de calcul qu'il faut rectifier. Ce ſeul exemple ſuffit pour vous donner l'intelligence de cette table : mais je vous répète encore que vous ne ſçauriez vous en rendre la pratique trop familière.

La valeur qu'exprime un nombre décide ordinairement d'une certaine dénomination qui lui eſt propre. Il y a des valeurs que l'on appelle nombres articulés, nombres parfaits, nombres pairs, nombres impairs, &c. Mais il eſt inutile de vous charger l'eſprit des différences qui établiſſent ces dénominations particulières ; je ne vous en dirai rien. Je me renferme ſeulement à vous donner une idée du nombre que l'on appelle fractionnaire. Ce nombre repréſente ordinairement une ou pluſieurs parties d'un entier quelconque. Voilà ſa définition. De-là vous concluez donc naturellement que tout nombre de ſols inférieur à 20 ß. ou 1 ℔. eſt un nombre fractionnaire ; que tout nombre de denier inférieur à 1 ß eſt un nombre fractionnaire ; que tout nombre de pieds inférieur à ſix pieds ou une toiſe eſt un nombre fractionnaire, &c.

Il n'eſt queſtion ici que de vous en donner une ſimple notion, néceſſaire à l'intelligence de l'addition, que je vais vous expliquer.

DE L'ADDITION.

L'ADDITION eſt une opération dont l'objet eſt d'ajouter enſemble pluſieurs ſommes ou quantités, pour en connoître le montant, que l'on appelle total.

Suppoſons qu'il vous ſoit dû, par différens particuliers, les ſommes ſuivantes :

$$
\begin{array}{r}
4874 \ \text{ɬɓ} \\
9378 \\
1243 \\
4237 \\
\hline
19732
\end{array}
$$

Votre objet eſt de connoître le total de ces ſommes, c'eſt-à-dire, ce à quoi elles ſe montent toutes enſemble. Prenez garde aux expreſſions, mon cher Chevalier : en vous donnant l'intelligence de la choſe, elles vous faciliteront en même temps les moyens de l'exécuter. Or, en revenant à la définition de l'addition, qu'eſt-ce qu'ajouter enſemble pluſieurs ſommes ou quantités ? N'eſt-ce pas dire 4 & 8 ſont 12, & 3 ſont 15, & 7 ſont 22 unités. Poſez donc le 2; & retenez deux dixaines, qu'il faut porter à la colomne ſuivante, qui eſt celle des dixaines.

Dites enſuite 2, que je retiens, & 7 ſont 9, & 7 ſont 16, & 4 ſont 20, & 3 ſont 23 dixaines. Poſez 3; & retenez 2 centaines, qu'il faut porter à la colomne ſuivante, qui eſt celle des centaines.

Dites 2, que je retiens, & 8 ſont 10, & 3 ſont 13, & 2 ſont 15, & 2 ſont 17 centaines. Poſez 7; & retenez un mille, qu'il faut porter à la colomne ſuivante, qui eſt celle des milles.

Dites enfin 1, que je retiens, & 4 ſont 5, & 9 ſont 14, & 1 ſont 15, & 4 ſont 19 milliers. Poſez 9; & retenez 1, qu'il faut avancer à la colomne des dixaines de mille, parce que vous n'avez plus de chiffres auxquels vous puiſſiez ajouter ce que vous venez de retenir. Vous trouverez donc pour total dix-neuf mille sept cens trente-deux livres.

LE CHEVALIER.

Je comprends très-bien, Monfieur, cette façon d'opérer. Mais fi, en ajoutant ces nombres les uns avec les autres, je m'étois trompé (comme cela peut arriver dans une addition plus confidérable que celle-ci) , comment m'appercevrai-je de mon erreur ?

LE NÉGOCIANT.

Rien n'eft plus facile , puifque chaque règle a une preuve qui démontre la jufteffe de l'opération. Voici celle de l'addition , & en même temps le principe fur lequel elle eft fondée.

Le total de votre addition eft le réfultat de toutes les fommes particulières qui la compofent. Si vous retranchez, par la fouftraction , toutes les fommes particulières de ce total général , vous le décompofez , & le reduifez à zéro par cette opération. En voici l'exemple ; prenons la même régle.

$$\begin{array}{r} 4874 \\ 9378 \\ 1243 \\ 4237 \\ \hline 19732 \\ \hline 1220 \end{array}$$

Dites , en commençant de gauche à droite , 4 & 9 font 13 , & 1 font 14 , & 4 font 18 mille. Otez ces 18 mille de 19 mille , qui font au total général : il refte 1 mille , que vous poferez fous le 9.

Enfuite dites , à votre feconde colomne , 8 & 3 font 11 , & 2 font 13 , & 2 font 15 cens. Otez ces 15 cens de 17 cens , formés par le mille reftant de votre première fouftraction , qui en vaut 10 , & les 7 cens de votre total général : il refte 2 cens , que vous poferez deffous le 7.

Dites après : 7 & 7 font 14, & 4 font 18, & 3 font 21 dixaines. Ôtez ces 21 dixaines de 23 dixaines, formées par les 2 cens reftans de votre derniere fouftraction, qui en font 20, & les 3 de votre total général : il refte deux dixaines, que vous poferez deffous le 3.

Enfin, dites : 4 & 8 font 12, & 3 font 15, & 7 font 22 unités. Ôtez ces 22 unités des 22 unités formées par les deux dixaines reftantes de votre dernière fouftraction, qui en font 20, & les 2 de votre total général : il refte donc zéro ; ce qui eft une preuve affurée de la jufteffe de votre opération.

LE CHEVALIER.

Je conçois facilement, Monfieur, la démonftration de cette preuve. Mais je la crois plus compliquée, par conféquent plus difficile, lorfqu'à la fuite des livres il fe rencontre des fractions, c'eft-à-dire, des fols & des deniers.

LE NÉGOCIANT.

Ce feroit vous en impofer, que de convenir de cette prétendue difficulté que vous foupçonnez dans la preuve d'une addition où il fe trouveroit des fols & des deniers. En voici une de ce genre. Commencez par en chercher le total ; vous jugerez enfuite, en faifant la preuve, fi les difficultés que vous imaginez font réelles ou chimériques.

$$
\begin{array}{r r r r}
47639 & \text{℔} & 17\ \text{ß} & 9\ \text{ᵭ} \\
9543 & .. & 19\ .. & 11. \\
767487 & .. & 17\ .. & 6. \\
8432 & .. & 15\ .. & 10. \\
5434 & .. & 17\ .. & 6. \\
246 & .. & 18\ .. & 9. \\
\hline
838786 & .. & 7\ .. & 3. \\
\hline
132235 & .. & 44\ .. & 0. \\
\end{array}
$$

Additionnez la colomne de vos deniers : vous y trouverez 51 ᵭ ; à raifon de 12 ᵭ pour 1 ß, cela fait donc 4 ß & 3 ᵭ : pofez ces 3 ᵭ, & portez vos 4 ß à la colomne des fols ; pour être ajoutés à ceux de ladite colomne.

Cette colomne des fols fe monte à 47 ß. Pofez les 7 ß ; & portez les quatre dixaines à la colomne des dixaines de fols, pour être ajoutées avec celles de ladite colomne.

Cette colomne fait alors dix dixaines de fols, defquelles il faut faire des livres. Comme il faut deux fois dix fols ou deux dixaines pour faire une livre, prenez la moitié de ces dixaines ; vous trouvez exactement 5 ℔, qu'il faut porter à la colomne des livres, pour être ajoutées avec celles de ladite colomne : & vous n'avez rien à pofer à la colomne des dixaines de fols.

La colomne des livres fe monte à 36 ℔. Pofez 6, & retenez 3, c'eft-à-dire, ajoutez-les à la colomne fuivante.

Cette colomne fuivante fe monte à 28. Pofez 8, & retenez 2, c'eft-à-dire, ajoutez-les à la colomne qui fuit : & continuez ainfi, en chargeant toujours la colomne fuivante du nombre de dixaines que vous a produit la derniere ; comme je vous l'ai enfeigné dans le premier exemple, jufqu'à ce que vos fommes foient entièrement additionnées :

Vous avez trouvé votre total. Procédez à la preuve, fuivant ce que je vous ai dit ci-devant. Dites donc, en opérant fur la régle précédente :

ôtez 7 de 8 , refte 1.

ôtez 10 de 13 , refte 3.

ôtez 36 de 38 , refte 2.

ôtez 25 de 27 , refte 2.

ôtez 25 de 28 , refte 3.

ôtez 31 de 36 , refte 5.

C'eft ici la prétendue difficulté. Pour la réfoudre, rappellez ce que vous venez de faire, en commençant votre addition. Des deniers, vous en avez fait des fols ; des fols, vous en avez fait des dixaines de fols ; & enfin, des dixaines de fols, vous en avez fait des livres. Dans la preuve, faites le contraire. Des livres, faites des dixaines de fols. Vous avez 5 ℔ ; cela fait dix dixaines de fols : ôtez fix dixaines de fols, que vous trouvez à la colmone

des

des dixaines : de ces dix, il vous reste donc quatre dixaines.

Ces quatre dixaines restantes valent 40 ß : en leur ajoutant les 7 ß qui sont au total de la somme générale, cela fait 47 ß ; desquels ôtant 43 ß, qui se trouvent dans la colomne des sols, il reste 4 ß, que vous posez.

Faites encore ici le contraire de ce que vous avez fait en commençant votre addition. Des deniers, vous en avez fait des sols ; réduisez maintenant en deniers les sols qui vous restent. Vous en avez quatre ; cela fait 48 ᵭ : joignez-y les 3 ᵭ qui sont au total de votre règle ; cela fait 51 ᵭ : Or, ôtant 51 ᵭ de 51 ᵭ, il reste zéro, ou rien ; & votre première opération est juste dans toutes ses parties.

LE CHEVALIER.

Voilà, Monsieur, toutes mes difficultés levées à l'égard de la preuve de l'addition ; & je me crois en état de faire actuellement autant de règles en ce genre que l'on pourroit m'en proposer. Il ne me reste qu'à vous demander un léger éclaircissement sur une petite difficulté, que je crois cependant avoir résolue. Je suppose que j'aie, au total d'une addition, une dixaine de sols, comme dans l'exemple suivant :

4372 ℔	12 ß	6 ᵭ
937	15	9
7676	17	9
532	8	3
13519	14	3
2212	22	0

J'imagine, après avoir fait la règle suivant les principes que vous m'avez donnés, & être venu pour la preuve jusqu'à la colomne des livres : j'imagine, dis-je, que ce dernier chiffre, qui est à ladite colomne des livres, doit être réduit en dixaines ; & que l'on doit ajouter, au nombre de dixaines qu'il contient, celle qui est au total de la règle. Ainsi je dis : 2 ℔ font 4 dixaines, & 1, qui est au total de ladite règle, font 5 ; desquelles ôtant 3, qui sont à la colomne des dixaines, il reste deux dixaines, que je pose : &

j'achève enſuite cette preuve, comme celle que vous m'avez démontré ci-devant.

Le Négociant,

Vous avez très-bien imaginé. Il eſt clair que, quand au total de votre addition il ſe trouve une dixaine de ſols, comme dans l'exemple ci-deſſus, elle doit être ajoutée à celles que produit le dernier chiffre des livres réduit en dixaines; pour, de ce nombre de dixaines, ſouſtraire enſuite celles qui compoſent la colomne des dixaines de votre addition.

Voici une remarque qui achèvera de vous donner l'intelligence de la preuve de l'addition. Tous les chiffres qui vous reſtent au bas de cette règle lorſque vous faites la preuve, & qui ſemblent former un ſecond total, ne ſont que ce que vous avez retenu de chaque colomne, & dont vous avez augmenté la colomne ſuivante, en allant de droite à gauche : ainſi vous comprenez qu'en ôtant de chaque colomne une partie qui ne lui appartient pas, cette opération vous conduit à rapporter à votre première colomne, qui eſt celle des deniers, le nombre des ſols qui lui appartiennent ; leſquels étant réduits en deniers, & ajoutés avec les deniers reſtans au total, forment le même nombre de deniers que celui de ladite colomne. Pour rendre cette obſervation plus évidente, développons-en l'opération.

La colomne des ſols ne fait 24, que parce que vous l'avez chargée des 2 ſols que vous a produit la colomne des deniers.

La colomne des dixaines de ſols ne fait 5 dixaines, que parce que vous l'avez chargée des deux dixaines que vous a produit la colomne des ſols.

La colomne des livres ne fait 19 ℔, que parce que vous l'avez chargée des 2 ℔ que vous a produit la colomne des dixaines de ſols.

La colomne des dixaines de livres ne fait 21, que parce que vous l'avez chargée de la dixaine que vous a produit la colomne des livres.

La colomne des centaines de livres ne fait 25 , que parce que vous l'avez changée des 2 cens que vous a produit la colomne des dixaines de livres.

Enfin, la colomne des milliers ne fait 13 , que parce que vous l'avez chargée des 2 mille que vous a produit la colomne des centaines de livres.

Comptez maintenant cette colomne des milliers , en allant de gauche à droite ; vous trouverez 11. Si vous les ôtez de 13, ne reste-t-il pas 2 , dont cette même colomne avoit été chargée ?

La colomne des centaines se monte à 23 : si vous les ôtez de 25 , il reste les 2 dont cette même colomne avoit été chargée.

La colomne des dixaines se monte à 20 : si vous les ôtez de 21 , il reste la dixaine dont cette même colomne avoit été chargée.

La colomne des livres se monte à 17 : si vous les ôtez de 19 , il reste les 2 livres dont cette colomne avoit été chargée.

La colomne des dixaines de sols se monte à 3 : si vous les ôtez de 5 dixaines que forment les 2 ℔ restantes & la dixaine du total , il reste les 2 dixaines dont cette même colomne avoit été chargée.

Enfin, la colomne des sols se monte à 22 : si vous les ôtez de 24 , il reste les 2 ß dont cette même colomne avoit été chargée.

Et ces deux sols réduits en deniers , auxquels vous ajoutez ceux de votre total , forment les 27 ₰ contenus dans la colomne des deniers de votre addition. Vous voilà suffisamment instruit de l'addition & de sa preuve : passons donc à la soustraction. Cette seconde opération me fournira le moyen de vous apprendre une preuve de l'addition, différente de celle que je viens de vous enseigner.

DE LA SOUSTRACTION.

LA SOUSTRACTION eſt une opération par laquelle on ôte
une ſomme inférieure d'une plus grande, pour connoître
ce qui reſte de cette plus grande ſomme. Cette règle eſt
extrémement facile ; & la plus ſimple explication ſuffit
pour vous en donner l'intelligence. Suppoſons que vous
deviez:

      8438 ℔
Vous avez payé à compte 4599
Vous devez encore 3839
P R E U V E .. 8438

Voici de quelle façon il faut procéder à ladite opéra‑
tion. Dites, Qui de 8 ℔ en paye 9., cela ne ſe peut. Em‑
pruntez ſur la colomne ſuivante une dixaine, qui, ajoutée
avec votre 8, fera 18 ; & acquittez le 9, en diſant, Qui de
18 paye 9, reſte 9, qu'il faut poſer ſous ſa colomne. Paſ‑
ſez à la ſeconde colomne ; mais obſervez que ce chiffre,
qui repréſente trois dixaines, n'en vaut plus que deux, à
cauſe de celle que vous venez d'emprunter pour payer le
9 de votre première colomne : &, toutes les fois que vous
ferez obligé d'emprunter ſur un chiffre, ſouvenez‑vous
que ce chiffre perd une unité de ce qu'il repréſente, à
cauſe de cet emprunt ; ce qui eſt une règle générale. Pour
vous en reſſouvenir, faites un point ſur le chiffre où vous
empruntez. Dites donc, Qui de deux dixaines en paye 9,
cela ne ſe peut. Empruntez ſur la colomne ſuivante 1 cent,
qui vaut 10 dixaines ; leſquelles, ajoutées avec les 2,
feront 12. Acquittez le 9, en diſant, Qui de 12 paye 9,
reſte 3.

Paſſez à la troiſième colomne, & dites, Qui de 3 cens
paye 5 cens, cela ne ſe peut. Empruntez ſur la colomne

suivante 1 mille, qui vaut 10 cens ; lesquels, ajoutés aux 3, feront 13 ; & acquittez le 5, en difant, Qui de 13 paye 5, refte 8.

Paffez à la quatrième colomne, & dites, Qui de 7 mille en paye 4, il refte 3 mille, que vous pofez : Et ce reftant vous répréfente ce dont vous êtes encore débiteur.

Quant à la preuve, je ne vous en ferai point d'explication ; il fuffit de vous dire que c'eft une addition. Vous comprenez qu'en ajoutant la fomme que vous avez donné à compte, avec celle qui vous refte à payer, le total de ces deux fommes doit néceffairement exprimer celle dont vous étiez débiteur, avant d'avoir donné votre à compte.

Le Chevalier.

Si la fouftraction, Monfieur, n'a rien de plus difficile, il eft aifé de la comprendre par ce feul exemple que vous venez de me donner.

Le Négociant.

Les difficultés qui s'y rencontrent font, comme je vous l'ai déjà dit, très-faciles à réfoudre ; &, pour peu que vous raifonniez avec vous-même, il n'eft pas de règles en ce genre dont vous ne faffiez l'opération avec jufteffe. Donnez-moi le reftant des fommes que voici. J'ai prêté 12549 ℔ 12 ß 4 ᵈ ; on m'a rendu 9799 ℔ 17 ß 9 ᵈ ; combien eft-il dû ?

```
· ·  · ·        · ·
12549 ℔ 12 ß 4 ᵈ
 9799    17  9
_____________________
 2749    14  7
_____________________
12549    12  4
```

Le Chevalier.

Il vous eft encore dû 2749 ℔ 14 ß 7 ᵈ. La preuve, que j'ai faite de fuite, ne laiffe aucun doute fur la jufteffe de mon opération. Voici de quelle façon j'ai raifonné :

J'ai dit, Qui de 4 deniers en paye 9, cela ne fe peut.

J'ai emprunté, fur la colomne des fols, un fol que j'ai réduit en deniers, auxquels j'ai ajouté les quatre qui n'ont
pu payer : 12 & 4, ai-je dit, font 16 ᵈ ; avec lefquels
payant 9, il refte 7 deniers.

J'ai dit enfuite, Qui de 11 ß en paie 17, cela ne fe peut.
J'emprunte 1 ℔ fur la colomne des unités de livres, laquelle
fait 20 ß, qui, ajoutés à 11, font 31 ß. Qui de 31 ß, ai-
je dit, en paye 17, il refte 14 ß.

Enfin, j'ai dit, Qui de 8 ℔ paie 9, cela ne fe peut. J'ai
emprunté, fur la colomne des dixaines, une dixaine, à laquelle j'ai joint le 8 de la colomne des unités : j'ai dit, Qui
de 18 paie 9, refte 9. Et j'ai enfuite procédé à chaque colomne, fuivant le premier exemple que vous venez de me
donner ; obfervant, comme vous me l'avez fait remarquer,
de mettre un point au-deffus de chaque chiffre fur lequel
j'ai emprunté, afin de me reffouvenir de le diminuer de
l'unité dont je l'avois dépouillé par cet emprunt. Je crois
mon opération à l'abri de toute cenfure, puifque, raffem-
blant par l'addition ce que vous avez reçu à compte &
ce qui vous refte dû, je trouve exactement la fomme que
vous aviez prêtée.

Le Négociant.

Votre fagacité m'enchante. Mais, voyons un peu comment vous vous tirerez de cette queftion. J'ai emprunté
1000 ℔. J'ai rendu 523 ℔ 11 ß 5 ᵈ fur cette fomme : combien eft-ce que je redois?

1000 ℔	ß	ᵈ
523	11	5
476	8	7
1000		

Le Chevalier.

Vous devez encore 476 ℔ 8 ß 7 ᵈ : & la preuve m'en
donne la certitude. Voici de quelle façon j'ai raifonné :

N'ayant aucun chiffre à la colomne des fols, ni à celle des livres , fur lequel je puiffe emprunter ce qu'il convient pour acquitter mes deniers & mes fols, je paffe à la colomne où je trouve une valeur : &, fur le chiffre qui s'y rencontre, j'emprunte une livre qui vaut 20 ß : j'en laiffe 19 à la colomne des fols ; & le vingtième fol, je le réduis en deniers, pour payer les 5 qui font à acquitter ; de forte que, 12 payant 5, il refte 19.

Des 19 ß qui me reftent à la colomne des fols , je paie les 11 ß, & il en refte 8 que je pofe : & voici la raifon que j'en donne. Si, de 1000, on ôte 1 ℔, il doit néceffairement refter 999 ℔. Si aux 9 unités je rapporte cette livre que j'ai empruntée, j'aurai 10 ℔ ou une dixaine de livres. Si aux 9 dixaines de livres je rapporte cette dixaine, j'aurai dix dixaines de livres , ou 100 ℔. Et enfin , fi aux 9 cens livres je rapporte les 100 ℔, j'aurai dix fois 100 ℔, qui font exactement les 1000 ℔, defquelles j'ai fouftrait la fomme propofée. J'acquitte enfuite les 523 ℔ , en difant, Qui de 9 paye 3, refte 6 : qui de 9 paye 2, refte 7 : & qui de 9 paye 5 , refte 4 : & l'unité n'a plus de valeur, ayant été empruntée fous le nom d'une livre , pour acquitter les fols & deniers à fouftraire.

LE NÉGOCIANT.

On ne peut opérer avec plus de difcernement & de jufteffe. Ces zéros font ordinairement l'écueil des commençans; ils ne peuvent imaginer que cette figure puiffe valoir 9. Mais fi, comme vous, ils raifonnoient ; & qu'ils compriffent que ce 9, auquel on ajoute l'unité, redevient dixaine ; & que, de dixaine en dixaine, on rend à ce nombre fa première valeur ; ils n'auroient plus de difficulté à comprendre que cette figure vaut réellement 9. Par exemple, fi de 400 ℔ j'emprunte fur le 4 une unité, ce 4 ne vaut plus que 3 cens ; mais chaque zéro vaut 9 : cela fait donc 399. Rapportant au premier 9 l'unité empruntée , il devient dixaine de livres ; laquelle rapportée au fecond 9 , il devient dixaines de dixaine de livres ; autrement, une unité de centaines : Et ce cent, rapporté aux trois cens, fait

32. ***ENTRETIENS***

exactement 400 ℔, desquelles j'avois emprunté une livre.
Faites-moi encore cette soustraction :

```
De  200401 ℔   ß  2 ₰
ôtez  17870   17    5
      ─────────  ──────
reste 182530    2    9
      ─────────────────
      200401         2
```

L*e* **C**h**evalier.**

Volontiers, Monsieur. Je dis, Qui de 2 deniers en paye
5, cela ne se peut. Je n'ai rien à la colomne des sols ;
j'emprunte donc une livre sur la colomne des livres, parce
que c'est la première qui ait une valeur. De cette livre, je
laisse 19 ß pour payer les sols ; & réduis le vingtième sol
en deniers ; lesquels, ajoutés aux 2, font 14 ₰ ; avec lesquels, payant 5, il reste 9, que je pose.

Je dis ensuite, Qui de 19 ß en paye 17, il reste 2 ß.

Je passe à la colomne des livres, en disant, Qui de zéro
(parce que n'ayant qu'une livre à cette colomne, & l'ayant
empruntée, il n'y reste plus rien) qui de zéro, dis-je, paye
zéro, il reste zéro, que je pose.

Je dis après, Qui de zéro payé 7, cela ne se peut. J'emprunte une unité, qui vaut 10 ; avec laquelle je paye 7, &
il reste 3.

Je dis encore, Qui de 3 paye 8, cela ne se peut. J'emprunte, sur la colomne qui m'offre une valeur, une unité,
qui vaut 10 ; à laquelle ajoutant les 3, cela fait 13 ; avec
lesquels payant 8, il reste 5.

Chacun des zéros valant 9, je dis enfin, Qui de 9 paye
7, reste 2 ; & qui de 9 paye 1, reste 8.

Comme il ne se trouve pas de chiffre à soustraire du 2
qui est à la dernière colomne, duquel j'ai ôté une unité par
ce dernier emprunt, il reste 1 ; duquel n'y ayant rien à ôter,
il reste ce même 1, que je pose. Et faisant addition de la
somme retranchée avec celle restante ; le total, en me
représentant la première somme, me prouve que je ne me
suis pas trompé dans mon opération.

L E

LE NÉGOCIANT.

Vous entendez parfaitement la fouftraction : mais, pour-riez-vous en faire une que l'on appelle de temps, c'eft-à-dire, ôter d'un certain nombre d'années, mois & jours, un nombre d'années, mois & jours. Je vous en parle, parce qu'il eft quelquefois des circonftances dans le commerce où l'on peut avoir befoin de cette opération.

LE CHEVALIER.

Je vous ferois obligé, Monfieur, de vouloir bien m'en donner un exemple.

LE NÉGOCIANT.

Avec plaifir. J'ai placé un certain fonds qui me produit un revenu annuel : depuis le 19 mai 1747, jufqu'à ce jour 12 mars 1759, je n'ai pu rien toucher des intérêts de ce fonds; combien de temps m'eft-il dû defdits arrérages ?

$$
\begin{array}{rrr}
1759 & 2 & 12 \\
1747 & 4 & 19 \\
\hline
11 & 9 & 23 \\
\hline
1759 & 2 & 12 \\
\end{array}
$$

Je vois qu'il m'eft dû onze ans, neuf mois & vingt-trois jours : c'eft ce qu'il faut vous démontrer par la pofition & l'opération de ladite règle.

Pour la pofition, il faut obferver premièrement de pofer pour premier nombre l'année courante, c'eft-à-dire, celle dans laquelle on eft.

Secondement, il faut, en commençant par janvier, comp-ter combien de mois font écoulés de ladite année, & les pofer.

Troifièmement, pofer le nombre de jours écoulés du mois courant, c'eft-à-dire, de celui dans lequel on eft.

Vous comprenez qu'il faut également pofer l'année où j'ai ceffé de recevoir, fous 1759, qui eft l'année courante.

Compter combien de mois étoient écoulés de ladite année , en commençant par janvier , & les pofer fous les mois.

Enfin , pofer également les jours écoulés du mois courant fous les jours.

Je dis enfuite, Qui de 12 jours en paye 19 , cela ne fe peut. J'emprunte , fur la colomne des mois , un mois que je reduis en jours ; obfervant que , dans tous les calculs qui ont l'année & fes parties pour nombres , le mois n'eft compté que de 30 jours. Je dis donc : 30 , que j'emprunte , & 12 font 42 jours ; defquels ôtant 19 , il refte 23 jours , que je pofe.

Je dis enfuite, Qui d'un mois en paye 4 , cela ne fe peut. J'emprunte, fur la colomne des années, un an, qui vaut 12 mois ; lefquels ajoutés à celui qui me refte, font 13 mois ; defquels ôtant 4 , il refte 9 mois , que je pofe.

Enfin , je dis, Qui de 8 ans en paye 7 , refte 1 : & qui de 5 paye 4 , refte 1. Il refte donc 11 ans, 9 mois & 23 jours, qui eft le temps qui m'eft dû des intérêts de la fomme que j'ai placée.

Quant à la preuve de cette règle , c'eft toujours une addition. Vous comprenez que le nombre fouftrait & le nombre reftant, ajoutés enfemble , doivent vous donner pour total l'année courante & fes parties. Ainfi , je dis : 19 & 23 jours font 42 , dans lefquels il y a 1 mois & 12 jours : je pofe ces 12 jours, & retiens un mois.

Un mois, que je retiens , & 4 font 5 , & 9 font 14 mois, qui font 1 an & 2 mois. Je pofe les 2 mois; & je porte l'année que je retiens à la colomne des années , en difant : 1 & 7 font 8 , & 1 font 9 ans: je pofe 9. Je paffe à la colomne des dixaines ; & je dis : 4 & 1 font 5 , que je pofe. Je defcends enfuite à ce total le 7 & l'unité qui exprime le mille ; & je trouve 1759 ans, 2 mois & 12 jours.

Le Chevalier.

Je conçois cette dernière fouftraction ; & , pour vous en convaincre, fouffrez que je me propofe une queftion, que je vais réfoudre devant vous. Je lifois hier au foir l'hiftoire de France. Je me rappelle l'année, le mois & le jour où Philippe-Auguste second du nom remporta une victoire complette sur l'Empereur Othon IV & ses alliés, à la journée de Bouvines. Voyons combien il y a de temps, aujourd'hui 12 mars 1759, que ce mémorable événement est arrivé. Ce fut le 27 juillet de l'année 1214. Je pose donc

	ans	mois	jours
1759	2	12	
1214	6	27	
544	7	15	
1759	2	12	

Janvier & février sont écoulés ; c'est 2 mois à poser après l'année courante, ensuite les 12 jours du mois courant. Je pose dessous 1214, l'année de l'événement : de janvier à juillet il y a 6 mois entiers d'écoulés ; je les pose, ensuite les 27 jours du mois de juillet. Faisant l'opération comme vous venez de me l'enseigner, je trouve qu'il y a aujourd'hui 544 ans, 7 mois, 15 jours, que cette bataille se donna ; & la preuve justifie la justesse de mon opération.

LE NÉGOCIANT.

A merveille. Vous entendez la soustraction, de façon à n'avoir plus besoin d'exemple.

Voici cette seconde preuve de l'addition, dont je vous ai parlé il y a un instant. Supposons la recette des sommes suivantes :

4728 ℔	19 ß	7 ᵈ	
12473	13	11	
4237	11	5	
587	19	3	
4934	13	10	
26962	18	::	1ᵉʳ. TOTAL.
22233	18	5	2ᵐᵉ. TOTAL.
4728	19	7	

Je fais l'addition de mes sommes suivant la méthode ordinaire ; &, pour prouver que mon opération est juste, je retranche la première fomme par une ligne qui la fépare des autres , & des quatre reftantes. Je fais une nouvelle addition, dont je pofe le total deffous le premier. Enfuite, retranchant par la fouftraction ce deuxième total du premier , il me refte la fomme que j'ai retranchée ; ce qui eft facile à comprendre ; puifque, cette fomme étant incorporée dans le premier total , & ne l'étant pas dans le deuxième, elle doit néceffairement refter lors de la fouftraction du deuxième fur le premier total. Mais cette façon de prouver étant moins brève que celle dont je vous ai parlé cidevant, je ne vous confeille pas d'en faire ufage ; il faut vous en tenir à la première, qui eft infiniment plus expéditive.

Le Chevalier.

J'entends très-facilement, Monfieur, cette nouvelle preuve. Il eft vrai qu'elle eft plus longue que la première ; mais elle ne démontre pas avec moins d'évidence la jufteffe de l'opération. Cependant, je fuivrai votre confeil, & je me bornerai à la pratique de la première , dans les cas où je pourrai en avoir-befoin.

Le Négociant.

Je crois vous avoir fuffifamment inftruit fur ce qui concerne l'addition & la fouftraction ; nous allons paffer maintenant aux deux dernières règles , fçavoir , la multiplication & la divifion. Commençons par vous expliquer la multiplication fuivant la méthode ordinaire. Je vous ferai voir enfuite que cette règle, ainfi que la divifion , ne font qu'une fuite de proportions produites par le rapport que les nombres qui les compofent ont entr'eux.

DE LA MULTIPLICATION.

LA MULTIPLICATION eſt une règle dont on ſe ſert pour connoître, par la valeur d'une choſe, celle de pluſieurs ; & dont l'opération ſe fait en augmentant un nombre, qu'on appelle MULTIPLICANDE, autant de fois qu'un autre nombre, nommé MULTIPLICATEUR, contient d'unités en lui-même : & de cette augmentation réſulte un troiſième nombre, qui s'appelle PRODUIT, lequel repréſente la valeur de ces choſes. Pour donner plus de clarté à cette définition, appliquons-la ſur un objet.

Je veux ſçavoir, par exemple, ce que coûteront 8 aunes de toile à 6 ℔ l'aune. Vous voyez déjà que c'eſt par la valeur d'une aune, que je parviendrai à connoître celle des 8 aunes. Pour opérer, je poſe mes 8 aunes, qui forment le multiplicande ; je poſe deſſous le prix de l'aune, qui eſt 6 ℔, & qui ſont le multiplicateur, diſant, 6 fois 8 ; parce que, ſuivant la définition, le multiplicande doit être augmenté autant de fois que le multiplicateur contient d'unités en lui-même ; il vient pour produit 48 ℔, qui repréſentent la valeur des 8 aunes.

8 aunes.

à . . 6 ℔ l'aune.

coûtent 48 ℔

LE CHEVALIER.

J'entends fort bien, Monſieur, la définition de cette règle ; & je conçois que le produit eſt un nombre, qui doit toujours contenir le nombre augmenté, ou le multiplicande, autant de fois que le nombre qui augmente, ou le multiplicateur, contient d'unités en lui-même : ainſi, dans l'exemple que vous venez de me donner, je vois que 48 ℔, produit ou réſultat de l'opération, contiennent 8 multiplicande, autant de fois que 6, multiplicateur, contient

l'unité ; puifque dans 48 , il y a 6 fois 8 , comme dans 6 ,
il y a 6 fois 1.

Le Négociant.

Vous avez raifon , & vous comprenez fort bien le raifonnement de cette opération. Suppofons préfentement
que l'on vous propofât de trouver le produit de 234 aunes
de drap , à 24 ℔ l'aune ; ou , ce qui eft la même chofe ,
que l'on vous demandât ce que doivent coûter ces 234
aunes , à 24 ℔ l'aune.

$$
\begin{array}{r}
234 \text{ aunes} \\
\text{à} . . \quad 24 \text{ l'aune} \\
\hline
936 \\
468 \\
\hline
5616 \\
\end{array}
$$

Il faut commencer par pofer la quantité propofée à multiplier , & dont on cherche la valeur ; enfuite on pofe, deffous ce nombre, celui qui fait le prix d'une des chofes,
& ce dans l'ordre naturel ; c'eft-à-dire , en plaçant les unités fous les unités , les dixaines fous les dixaines , &c.
comme vous voyez dans cet exemple.

Les nombres ainfi pofés , multipliez, en allant de droite
à gauche, chacun des chiffres du multiplicande, par le premier chiffre du multiplicateur , en difant , 4 fois 4 font 16.
Pofez 6, & retenez 1. Dites après , 4 fois 3 font 12. Ajoutez à ces 12 cet 1 , que vous avez retenu ; cela fait 13.
Pofez 3 , & retenez 1 , dont vous augmentez encore le chiffre de la colomne fuivante. Ainfi , 4 fois 2 font 8 , & 1
de retenu font 9 , qu'il faut pofer.

Multipliez maintenant , en allant toujours de droite à
gauche , chacun des chiffres du multiplicande par le fecond
chiffre du multiplicateur ; obfervant de pofer fous ce même chiffre le produit qu'il vous donnera. Ainfi , dites donc,
2 fois 4 font 8. Pofez ce 8 fous le chiffre qui multiplie.
Dites enfuite , 2 fois 3 font 6. Pofez ce 6 fous la colomne
fuivante , en rétrogradant fur la gauche , comme je vous

l'ai dit. Enfin dites, 2 fois 2 font 4. Posez ce 4 à la colomne qui lui convient ; & faites l'addition suivant les
principes que je vous ai donnés. Votre produit est la valeur, ou ce que doivent coûter les 234 aunes, à raison de
24 ℔ l'aune.

LE CHEVALIER.

La multiplication de ces nombres ne me paroît pas difficile ; mais il en est quelques-uns qui pourroient, je crois,
m'embarrasser. Si l'on me demandoit, par exemple, le produit de 4009 choses quelconques à 1007 ℔ chacune, je
vous avoue que j'aurois besoin de réflexion pour résoudre
cette question.

LE NÉGOCIANT.

La réflexion est nécessaire dans tout ce qui exige du raisonnement ; mais cette question n'est pas si difficile que
vous vous l'imaginez. Pour vous en convaincre, il ne faut
vous rappeller que la définition de la multiplication, ou
plutôt son objet.

Ne vous ai-je pas fait voir que la multiplication est l'augmentation d'un nombre autant de fois qu'un autre nombre contient d'unités en lui-même ?

LE CHEVALIER.

Oui, Monsieur ; je me rappelle cette définition, & je
la conçois.

LE NÉGOCIANT.

D'où peut donc venir la difficulté de multiplier 4009
par 1007 ? Sont-ce les zéros qui vous embarrassent ? Eh
bien ! agissez avec zéros, comme avec des chiffres qui
exprimeroient des valeurs. Un exemple suffira pour vous
développer ce raisonnement ; je reviendrai ensuite à votre
proposition. Supposons que vous ayez 2478 ℔ à multiplier par 3624 ℔.

$$2478$$
$$3624$$
$$\overline{}$$
$$9912$$
$$4956$$
$$14868$$
$$7434$$
$$\overline{8980272}$$

Votre multiplicateur étant compofé de quatre chiffres, qui font nombre, dixaines, centaines, & mille ; chacun de ces chiffres augmentera donc le multiplicande d'autant d'unités de dixaines, de centaines, & de mille, qu'ils ont de valeur en eux-mêmes.

Le premier chiffre du multiplicateur, qui fe trouve à la colomne des unités, eft un 4 ; il forme fa colomne en augmentant 4 fois le multiplicande, & vous donne pour produit (*a*).

$$2478$$
$$4$$
$$\overline{}$$
$$9912 \ (a)$$

Le fecond chiffre du multiplicateur, qui fe trouve à la colomne des dixaines, eft un 2 ; il doit donc augmenter 20 fois le multiplicande : c'eft ce qui arrive exactement, puifqu'ayant augmenté 8 20 fois, en difant, 2 fois 8 font 16, qui font, comme vous voyez, 160 ou 16 dixaines, vous pofez les 6 dixaines fous le chiffre qui les produit ; & vous continuez l'augmentation de votre multiplicande par ce fecond chiffre, en chargeant chaque colomne de ce que vous retenez, fuivant ce que je vous ai dit plus haut, & vous trouvez pour produit (*b*).

$$2478$$
$$20$$
$$\overline{}$$
$$49560 \ (b)$$

Le troifième chiffre du multiplicateur, qui fe trouve à la colomne

colomne des centaines, eſt un *6* ; il doit donc augmenter 600 fois le multiplicande : c'eſt ce qui s'exécute, puiſque ayant augmenté 8 600 fois, en diſant, *6* fois 8 ſont 48, qui ſont 4800 ou 48 cens, vous poſez les 8 cens ſous le chiffre qui les produit ; & , en continuant l'augmentation du multiplicande par ce même chiffre, vous trouvez pour produit (*c*)

$$2478$$
$$600$$
$$\overline{}$$
$$1486800 \ (c)$$

Enfin, le quatrième chiffre du multiplicateur ; qui ſe trouve à la colomne des mille, eſt un *3* ; il doit donc augmenter 3000 fois le multiplicande : c'eſt ce que vous faites, puiſqu'ayant augmenté 8 3000 fois, en diſant, *3* fois 8 ſont 24, qui ſont 24000, ou 20 dixaines de mille & 4 mille, vous poſez les 4 mille ſous la colomne qui les produit ; & , continuant l'augmentation du multiplicande, comme vous voyez, vous trouvez pour dernier produit (*d*)

$$2478$$
$$3000$$
$$\overline{}$$
$$7434000 \ (d)$$

Raſſemblez maintenant ces quatre produits ; & vous trouverez celui de l'opération précédente, c'eſt-à-dire, la valeur des 2478 choſes quelconques à 3624 ℔ chacune.

$$9912 \ ℔ \ (a)$$
$$49560 \ \ (b)$$
$$1486800 \ \ (c)$$
$$7434000 \ \ (d)$$
$$\overline{}$$
$$8980272$$

Le Chevalier.

L'exemple que vous venez de me donner, Monſieur, vient de lever les difficultés que je trouvois à multiplier des nombres dans leſquels il ſe rencontre des zéros. Trouvez bon , s'il vous plaît , que je revienne à la difficulté que je m'étois propofée ; c'eſt de multiplier 4009 par 1007.

X	Y	
4009	4009	
par 1007	1007	
28063 (*a*)	28063	(*a*)
400900 (*b*)	0000	(*c*)
4037063	0000	(*d*)
	4009	(*e*)
	4037063	

Ayant poſé les nombres 4069 & 1007 , je vois que ce dernier, qui eſt le multiplicateur , eſt compoſé de quatre chiffres , qui doivent former chacun une colomne, ſous la dénomination qui leur eſt propre : chaque colomne doit donner le produit du multiplicande augmenté par le chiffre qui multiplie. Ainſi , je dis donc , 7 fois 9 font 63 ; je poſe 3 & retiens 6. Paſſant au deuxième chiffre du multiplicande , je dis , 7 fois zéro eſt zéro : mais je charge cette colomne des 6 que m'a produit la première (en conféquence de ce que vous m'avez dit ci-devant, qu'on chargeoit toujours la colomne ſuivante de ce qu'on retenoit de la précédente). Je paſſe au troiſième chiffre du multiplicande , en diſant , 7 fois zéro eſt zéro : comme je n'ai rien retenu , je poſe zéro ; & je paſſe enſuite au quatrième chiffre du multiplicande , en diſant , 7 fois 4 font 28. Je poſe 8 & j'avance 2 ; de ſorte que ce produit me donne (*a*).

Je remarque que le ſecond chiffre du multiplicateur, qui ſe trouve à la colomne des dixaines, eſt un zéro. Ce chiffre, n'ayant point de valeur en lui-même, n'en peut donner aux autres : ainſi , je me contente de le poſer ſeulement à la colomne qu'il doit former (comme dans l'exemple X à *b*), puiſqu'il ne me donneroit pour produit qu'autant de zéros qu'il y a de chiffres au multiplicande, comme vous voyez à l'exemple Y à (*c*).

Le troiſième chiffre du multiplicateur, qui ſe trouve à la colomne des centaines , étant encore un zéro , je le poſe à la colomne qu'il doit former (ainſi que dans l'exemple X , auſſi à (*b*) , puiſque , comme le précédent , il ne me donneroit pour produit qu'autant de zéros qu'il y a de chiffres au multiplicande , comme on voit à (*d*)de l'exemple Y.

Enfin , le quatrième chiffre du multiplicateur , qui ſe trouve à la colomne des mille , étant 1 mille , il doit donc augmenter mille fois le multiplicande ; ce qui s'exécute en poſant deſſous ce même 1 , qui multiplie 4009 , en diſant , 1 fois 9 eſt 9 , que je poſe ; 1 fois zéro eſt zéro , que je ponſe ; 1 fois zéro eſt zéro , que je poſe ; & 1 fois 4 eſt 4 , que je poſe , comme on voit dans l'un & l'autre exemple.

L'addition des deux produits de l'exemple X , & des quatre de l'exemple Y, me donnent , dans chaque exemple, un produit égal , ou la valeur des 4009 choſes quelconques, à 1007 ℔ chacune , que je cherchois.

Le Négociant.

Vous entendez très-bien. C'eſt donc ainſi qu'il faut agir , lorſque vous aurez des zéros dans le nombre qui forme votre multiplicateur. Dès que chaque chiffre forme une colomne , il eſt clair que le zéro doit former ſa colomne , de même que le chiffre qui a de la valeur forme la ſienne : &, comme le zéro ne peut donner pour produit qu'autant de zéros qu'il y a de chiffres au multiplicande , c'eſt ce qui fait qu'ayant pluſieurs zéros , au lieu de faire le même nombre de produits qui eſt dans l'exemple B , il ſuffit de les poſer chacun ſous leur propre colomne , ainſi que dans l'exemple A ; & continuer enſuite l'augmentation du multiplicande par le chiffre qui a de la valeur , conſéquemment à ce que je vous ai dit ci-devant ; de ſorte qu'ayant , par exemple , 4934 à multiplier par 4000 ℔, je poſe chaque zéro ſous lui-même , c'eſt-à-dire , ſous la colomne qu'il exprime ; & je paſſe au chiffre qui repréſente une valeur , par lequel j'augmente le multiplicande , ſuivant l'ordre que je vous ai fait obſerver.

A   B
4934   4934
4000   4000
———   ———
19736000   0000
          0000
          0000
          19736
          ———
          19736000

Il eſt queſtion maintenant de vous enſeigner la façon d'o‑
pérer pour les ſols & deniers, lorſqu'il s'en trouve à la ſuite
du multiplicateur. C'eſt ordinairement ce que l'on trouve
de plus difficile ; mais vous allez voir que le plus ſimple
raiſonnement eſt capable de vous en donner une parfaite
intelligence.

Je vous ai dit, au commencement de notre entretien, que
les ſols étoient des fractions ou parties de la livre numérai‑
re, comme les deniers étoient fractions ou parties du ſol.
Que faut-il conclure de ce rapport ? C'eſt qu'on doit opérer
pour ces mêmes parties relativement à ce qu'elles ſont à
leur tout ; c'eſt-à-dire, que, ſi l'on a un nombre de parties
qui ſoient exactement la moitié du tout, on doit prendre
la moitié de la ſomme que le tout produiroit ; ſi l'on a un
nombre de parties qui ſoient exactement le quart du tout,
on doit prendre le quart de la ſomme que le tout produi‑
roit ; ſi l'on a enfin un nombre de parties qui ſoient exacte‑
ment le cinquième, ou le dixième, ou le vingtième du tout,
on doit donc prendre le cinquième, ou le dixième, ou le
vingtième de la ſomme que le tout produiroit. Ce prin‑
cipe une fois poſé, vous voyez que l'opération des ſols &
deniers n'eſt pas auſſi difficile qu'on ſe l'imagine ; puiſque
l'on a une règle infaillible de ſes opérations, dans le rapport
que les ſols qui ſont à la ſuite du multiplicateur ont avec 20
ß ou 1 ℔, & le rapport que les deniers qui ſont également
à la ſuite des ſols ont avec un ſol ou deux ſols.

Ce rapport exact des parties à leur tout, c'eſt-à-dire, ce

que chaque partie repréfente du tout, s'exprime ordinairement par le mot *aliquote :* ainfi 10 ß eft une partie aliquote
de 20 ß, qui en repréfente la moitié ; 5 ß eft auffi une partie aliquote de 20 ß, qui en repréfente le quart ; & ainfi
de tout nombre de fols qui, répété plufieurs fois, fait exactement 20 ß fans refte. Il en eft de même des deniers : 6
deniers eft une partie aliquote d'un fol, qui en repréfente
la moitié ; 4 deniers eft encore une partie d'un fol, qui en
repréfente le tiers : ainfi tout nombre de deniers qui eft
contenu exactement dans un fol, ou deux fols , eft partie
aliquote de ce même fol, ou de ces deux fols.

Ce que l'on appelle parties aliquotes ne fe borne pas
feulement à ce nombre de fols qui eft exactement contenu dans 20 ß, ni à ce nombre de deniers qui mefure fans
refte un fol ou deux fols encore ; on doit entendre par
parties aliquotes tout nombre quelconque qui en mefure
un autre, & qui en repréfente une certaine partie : ainfi,
10 deniers eft une partie aliquote de 5 ß, parce que 5 ß
ou 60 th contenant 6 fois dix deniers, cette partie en repréfente le fixième : 8 th eft une partie aliquote de 2 ß,
parce que 2 ß ou 24 th contenant 3 fois 8 th, cette partie
repréfente le tiers, &c. C'eft donc à caufe de la facilité
que ces parties procurent pour opérer que l'on s'en fert :
elles abrègent les opérations de la multiplication ; & vous
en allez voir de preuves dans les différentes queftions que
je vais vous propofer, qui feront réfolues par cette règle.
Avant d'aller plus loin, il faut cependant que je vous faffe
connoître en détail ces parties aliquotes de 20 ß, celles
d'un fol & de deux fols, pour lefquelles on opère plus com-
munément.

10 ß eft partie aliquote de 20 ß, qui en repréfente la moitié.
5   en repréfente le quart.
4   le cinquième.
2   le dixième.
1   le vingtième.
6   8 th, le tiers.
3 4   le fixième.

2 ß 6 ℔, le huitième.
1   8   le douzième.
1   3   le seizième.

Les parties aliquotes de 2 ß font

8 ℔, qui en repréfentent le tiers.
6   le quart.
4   le fixième.
3   le huitième.
2   le douzième.
1   le vingt-quatrième.

Les parties aliquotes d'un fol font

6 ℔, qui en repréfentent la moitié.
4   le tiers.
3   le quart.
2   le fixième.
1   le douzième.

LE CHEVALIER.

J'entends parfaitement, Monfieur, ce que c'eft que partie aliquote. Mais on n'a pas toujours ce nombre exaϛ de
fols & deniers qui font ces parties aliquotes ; &, lorfqu'il
fe rencontre une quantité de fols qui ne peuvent mefurer
exaϛement 20 ß, ou un nombre de deniers qui ne peut
être contenu dans un fol ou deux fols, comment peut-on
opérer alors, & quel nom donne-t-on à ces nombres ?

LE NÉGOCIANT.

On appelle ces fortes de nombres parties *aliquantes.*
Mais, comme ils ne peuvent jamais excéder féparément ou
enfemble 19 ß & 11 ℔, vous comprenez que chacun de
ces nombres eft compofé de plufieurs parties aliquotes,
que l'on détache l'une après l'autre, & pour lefquelles on
opère fuivant ce qu'elles font à 20 ß, fi ce font des fols ; &

ſuivant ce qu'elles ſont à 2 ß, ou 1 ß, ſi ce ſont des deniers.

Suppoſons, par exemple, que j'aie à la ſuite du multiplicateur 3 ß 5 ᵈ : 3 ß ſont parties aliquantes, parce qu'ils ne meſurent pas exactement 20 ß ; 5 ᵈ ſont parties aliquantes, parce qu'ils ne meſurent pas exactement ni un ſol, ni deux ſols ; comment donc opérer ? Le voici. Je dis, 3 ß ſont compoſés de deux parties aliquotes de 20 ß, qui ſont 2 ß & 1 ß : la première repréſente le dixième, & la ſeconde repréſente le vingtième. J'opère donc ſur la ſomme que me produiroit 20 ß, ſuivant le rapport que ces mêmes parties ont avec 20 ß.

5 ᵈ ſont compoſés de deux parties aliquotes d'un ſol, qui ſont 4 ᵈ & 1 ᵈ : la première repréſente le tiers, la ſeconde le douzième. Je peux encore trouver, dans ces 5 ᵈ, deux parties aliquotes d'un ſol différentes de ces deux premières, qui ſont 3 ᵈ & 2 ᵈ : la première repréſente le quart, & l'autre le ſixième. J'opère donc ſur la ſomme que me produiroit un ſol, ſuivant le rapport que ces mêmes parties ont avec un ſol, ſoit en prenant le tiers & le douzième, ſoit en prenant le quart & le ſixième ; ce qui produiroit toujours la même choſe.

5 ᵈ ſont auſſi parties aliquotes de deux ſols, de deux manières différentes ; la première eſt 4ᵈ & 1 ᵈ, qui repréſente, l'une le ſixième, l'autre le vingt-quatrième ; la ſeconde manière eſt 3 ᵈ & 2 ᵈ, qui repréſente, l'une le huitième, & l'autre le douzième. J'opère donc ſur la ſomme que me produiroit 2 ß, ſuivant le rapport que ces mêmes parties ont avec 2 ß, ſoit en prenant le huitième & le douzième, ſoit en prenant le ſixième & le vingt-quatrième ; ce qui produiroit toujours la même choſe. Mais, comme il ſeroit difficile de prendre pour un vingt-quatrième, je conſidère que ce denier eſt non ſeulement partie aliquote de deux ſols, mais encore partie aliquote de 4 ᵈ : ainſi, au lieu de prendre le vingt-quatrième de ce que me produiroit 2 ß, j'opérerois ſur ce que m'auroit produit quatre deniers, & j'en prendrois le quart ; ce qui me donneroit une ſomme égale à celle que j'aurois trouvée en prenant le vingt-quatrième.

Les autres parties aliquantes de 20 ß font

6 ß, qui contiennent deux parties aliquotes, 5 ß & 1 ß,
ou 4 ß & 2 ß, ou 2 ß répété trois fois, ou 1 ß rép té
fix fois. Mais on s'en tient toujours, pour l'opération,
aux parties aliquotes d'ufage; &, pour ces fix fols, on
prendroit, pour 5 ß, le quart de la fomme que produiroit 20 ß; &, pour 1 ß, le vingtième de la même fomme, ou le cinquième du produit de 5 ß; parce qu'un
fol eſt partie aliquote de 5 ß, puifqu'il eſt exactement
contenu cinq fois dans 5 ß.

7 ß, qui contiennent deux parties aliquotes, 5 ß & 2 ß :
ou 4 ß, 2 ß & 1 ß.

8 ß, qui en contiennent trois, 5 ß, 2 ß & 1 ß : ou deux
fois 4 ß.

9 ß, qui en contiennent deux, 5 ß & 4 ß : ou 5 ß & deux
fois 2 ß.

11 ß, qui en contiennent deux, 10 ß & 1 ß.
12 ß, qui en contiennent deux, 10 ß & 2 ß.
13 ß, qui en contiennent trois, 10 ß, 2 ß & 1 ß.
14 ß, qui en contiennent deux, 10 ß & 4 ß.
15 ß, qui en contiennent deux, 10 ß & 5 ß.
16 ß, qui en contiennent trois, 10 ß, 5 ß & 1 ß.
17 ß, qui en contiennent trois, 10 ß, 5 ß & 2 ß.
18 ß, qui en contiennent quatre, 10 ß, 5 ß, 2 ß & 1 ß :
ou 10 ß & deux fois 4 ß.

19 ß, qui en contiennent trois, 10 ß, 5 ß & 4 ß : ou 10 ß,
5 ß & deux fois 2 ß.

Les parties aliquantes d'un fol font ;

5 ₰ : je vous ai fait voir plus haut quelles font fes parties
aliquotes.

7 ₰, qui en contiennent deux, 6 ₰ & 1 ₰ : ou 4 ₰ & 3 ₰.

8 ₰, qui en contiennent deux, 6 ₰ & 2 ₰ : ou deux fois
4 ₰.

9 ₰, qui en contiennent deux, 6 ₰ & 3 ₰.

10 ₰, qui en contiennent deux, 6 ₰ & 4 ₰ : ou 6 ₰, 3 ₰
& 1 ₰.

11 ᵈ, qui en contiennent trois, 6 ᵈ, 3 ᵈ & 2 ᵈ : ou 6 ᵈ;
4 ᵈ & 1 ᵈ.

Les parties aliquantes de 2 fols font

5 ᵈ, defquels je vous ai également fait connoître les
parties aliquotes.
7 ᵈ, qui en contiennent deux, 6 ᵈ & 1 ᵈ : ou 4 ᵈ &
3 ᵈ.
9 ᵈ, qui en contiennent deux, 6 ᵈ & 3 ᵈ.
10 ᵈ, qui en contiennent deux, 6 ᵈ & 4 ᵈ : ou 6 ᵈ;
3 ᵈ & 1 ᵈ.
11 ᵈ qui en contiennent trois, 6 ᵈ, 3 ᵈ & 2 ᵈ : ou 8 ᵈ 2 ᵈ
& 1 ᵈ : ou encore 6 ᵈ, 4 ᵈ & 1 ᵈ.

Le Chevalier.

Me voilà parfaitement inftruit, Monfieur, fur les parties
aliquantes : je conçois, comme vous me l'avez fait remarquer, que ces parties ne font compofées que d'un certain
nombre de parties aliquotes, que l'on détache l'une après
l'autre, & pour lefquelles on opère fuivant leur rapport à
la livre numéraire de 20 fols, fi ce font des fols ; ou proportionnellement à ce qu'elles font à un fol, ou à 2 fols,
fi ce font des deniers.

Le Négociant.

Je fuis bien aife que vous compreniez ce que je viens de
vous dire : les exemples que je vais vous donner achève-
ront de vous en procurer la parfaite intelligence.

On demande ce que doivent coûter 144 aunes de drap, à
raifon de 18 ℔ 1 ß l'aune :

$$
\begin{array}{r}
144 \text{ aunes} \\
\text{à ..} \quad 18\,℔\,1\,ß \\
\hline
1152 \\
144 \\
7 \quad 4\,ß \\
\hline
2599 \quad 4
\end{array}
$$

Après avoir multiplié 144 par 18 , suivant ce que je vous ai enseigné ci-devant, il est question d'opérer pour 1 sol; c'est-à-dire, d'ajouter au produit des 18 ℔, ce que ce sol produira de plus, puisqu'il fait partie du prix de l'aune. Dites , Si 144 aunes me coûtoient 20 ß, ou 1 ℔ chacune , la valeur de ces 144 aunes seroit 144 ℔. Il s'ensuit donc de-là, qu'un sol étant la vingtième partie de 20 ß ou d'une livre, ce sol me doit produire la vingtième partie de 144 ℔.

Pour prendre cette vingtième partie , retranchez votre dernier chiffre : prenez la moitié des deux chiffres qui restent au multiplicande : posez cette moitié, en avançant d'une colomne sur la droite , à celle qui lui convient; & le chiffre que vous avez retranché, portez-le à la colomne des sols : cette opération vous donne 7 ℔ 4 ß , qui font exactement la vingtième partie de 144 ℔ , comme 1 sol est la vingtième partie de 20 ß. Cette opération est générale sur tous les nombres que l'on peut imaginer, & dans tel cas que ce puisse être , lorsqu'il est question de prendre le vingtième d'une somme.

Le Chevalier.

Je viens d'exécuter, Monsieur, cette opération ; mais je vous avoue sincèrement que je ne la comprends pas bien.

Le Négociant.

Il faut faire en sorte de vous la développer de façon à dissiper l'obscurité que vous y trouvez. Je vous ai dit qu'un sol étant la partie aliquote de 20 ß ou 1 ℔, qui en représentoit le vingtième, on prenoit ce vingtième en retranchant un chiffre du multiplicande ; qu'on prenoit ensuite la moitié des chiffres restans du multiplicande , en avançant d'une colomne sur la droite; & que le chiffre retranché se portoit à la colomne des sols. Voilà le méchanisme de l'opération ; mais ce n'est pas là ce qui vous arrête. Remontons au principe.

Prendre le vingtième d'une somme, c'est chercher combien de fois cette même somme contient 20, ce qui sous-entend une division. Supposons, par exemple, 40 aunes de toile à 1 fol l'aune; il eft évident qu'elles coûteront 2 ℔. Pour trouver ces 2 ℔ par l'opération, je raifonne donc ainfi : 40 aunes de toile à 1 ℔ l'aune coûteroient 40 ℔; à 1 fol elles coûteront la vingtième partie de 40 ℔ : c'eft donc chercher dans 40 combien de fois 20. Je retranche un chiffre, il ne me refte qu'un 4; mais il eft fous-entendu que j'ai également retranché un chiffre du nombre 20, qui exprime le vingtième que je cherche ; & alors je ne cherche plus combien de fois 20 eft contenu dans 40 ; mais combien de fois 2 eft contenu dans 4. Or, chercher combien de fois 2 eft contenu dans un nombre quelconque, c'eft en prendre la moitié : je dis donc, La moitié de 4 ℔ eft 2 ℔ ; &, en avançant d'une colomne fur la droite, je trouve, comme vous voyez dans l'exemple ci - deffous, que 40 aunes de toile à 1 fol doivent coûter 2 ℔.

$$4|0 \ ^{\text{aunes}}$$
$$\text{à } . . \quad :: ℔ \ 1 \ ß :: ℔$$
$$\overline{\hspace{4cm}}$$
$$2 \ ℔ :: \quad ;;$$

Quant au chiffre retranché que l'on porte à la colomne des fols, celui-ci étant un zéro, il eft inutile de l'y tranf-porter, puifqu'il n'y auroit aucune valeur. Mais, en fup-pofant tout autre chiffre, il eft encore queftion de vous dé-montrer comment ce chiffre retranché repréfente autant de fols qu'il contient d'unités en lui-même ; raifon pour laquelle on le pofe à la colomne des fols.

Suppofons 44 aunes de toile à 1 ß l'aune. Vous dites donc : 44 aunes à 20 ß ou 1 ℔ l'aune coûteroient 44 ℔ ; à 1 ß elles doivent coûter le vingtième : vous retranchez donc le dernier chiffre ; action qui fuppofe la même opéra-tion à l'égard du zéro, qui exprime le nombre 20 : vous prenez alors la moitié ; il vient 2 ℔. Voilà une partie de de l'opération ; & le 4 porté à la colomne des fols la ter-mine, & vous donne 2 ℔ 4 ß.

Le tranfport de ce 4 à la colomne des fols fous-entend la même opération que vous avez faite pour les livres. Ce chif-fre retranché repréfente 4 ℔ ; ces 4 ℔, réduites en fols, font

80 ß : il est question de prendre le vingtième de ces 80 ß,
en retranchant le dernier chiffre, & sous-entendant toujours la même action à l'égard du zéro qui sert à exprimer
le nombre 20 : vous voyez que ce n'est plus prendre le
vingtième de 80 ß, mais la deuxième partie de 8. Or, ce
deuxième de 8 vous produit 4 ß, que vous portez à la colomne des sols ; & votre opération est finie.

$$\text{à..} \quad \frac{4|4 \text{ aunes}}{} \quad ::\text{℔ } 1 \text{ ß} ::\text{ð}$$
$$\overline{2 \text{ ℔ } 4 \text{ ß} :: \text{ð}}$$

Le Chevalier,

Je conçois parfaitement, Monsieur, la raison de cette
opération ; & je vois effectivement qu'on peut l'appliquer
à tel nombre que ce puisse être, duquel on veut prendre le
vngtième. Par exemple, si d'un nombre de sols je voulois
faire des livres, je peux y parvenir par ce moyen.

Le Négociant.

Certainement ; & même il n'en est pas d'autre. Vous
avez 892 ß, desquels vous voulez faire des livres ; opérez
comme je viens de vous l'enseigner, vous aurez 44 ℔ 12 ß.

$$8 \ 9|2 \text{ ß} :: \text{ð}$$
$$\overline{44 \text{ ℔ } 12 \text{ ß};: \text{ð}}$$

Le Chevalier.

Lorsqu'il se trouve pour dernier chiffre du multiplicande, après en avoir retranché un ; lorsqu'il se trouve, dis-
je, un chiffre dont la valeur est impaire, vous considérez,
Monsieur, cette unité qui vous reste comme une livre de
20 ß, de laquelle vous posez la moitié, qui est 10 ß, à la
colomne des sols ; & à côté de cette dixaine le chiffre retranché?

LE NÉGOCIANT.

Oui ; & c'eſt toujours en conféquence du principe que je vous ai démontré. 892 choſes à 1 ℔ font 892 ℔. La ſuppreſſion du dernier chiffre, & celle ſous-entendue du zéro qui exprime 20, me donne donc 89, deſquels je prends le deuxième. Or, cette unité qui me reſte, à laquelle j'ajoute le chiffre retranché, forme alors 12 ℔, qui font 240 ß : la ſuppreſſion réciproque du dernier chiffre de ce nombre, & du zéro qui exprime le vingtième que je prends, ne me laiſſe plus que 24 ; deſquels prenant le deuxième, je trouve 12 ß, que je porte à la colonne des ſols.

LE CHEVALIER.

Me voilà entièrement inſtruit, Monſieur, de la façon d'opérer pour 1 ß ; & cette dernière démonſtration vient de m'apprendre même la manière de réduire des livres en ſols. Je crois que c'eſt en multipliant le nombre qui repréſente les livres par 20 ß ; & que le produit eſt la quantité de ſols que contient le nombre de livres.

LE NÉGOCIANT.

Sans doute, puiſque l'objet de la multiplication eſt d'augmenter le nombre propoſé autant de fois qu'un autre nombre contient d'unités en lui-même. Dans la dernière opération, j'avois 12 ℔ à réduire en ſols : 1 ℔ contenant 20 ß, j'ai donc augmenté le nombre 12, autant de fois que le nombre 20 contient d'unités en lui-même ; & le produit m'a donné 240 ß. De même, ſi j'avois 200 ℔ à réduire en ſols, ou toute autre quantité, une ſemblable opération m'en donneroit le produit.

$$\begin{array}{r} 200 \ ℔ \\ 20 \ ß \\ \hline 4000 \ ß \end{array}$$

LE CHEVALIER.

C'eſt ainſi, Monſieur, que j'entendois cette opération, qui

réduit les livres en fols : &, fuivant le même principe, je conclus que, pour réduire les fols en deniers, il faut multiplier le nombre de fols dont on demande la réduction par 12 ; & que le produit fera la quantité de deniers contenus dans ce nombre de fols, comme dans l'exemple fuivant :

$$372 \text{ ß}$$
$$12 \text{ ₰}$$
$$\overline{744}$$
$$372$$
$$\overline{4464 \text{ ₰}}$$

Je comprends auffi que, pour faire des fols de ces deniers, il en faut prendre la douzième partie ; comme à l'égard des fols, lorfqu'on en veut faire des livres, on en doit prendre le vingtième ; ce qui s'exécute en opérant ainfi que pour 1 ß : de forte que 4464 ₰ font 372 ß, comme 4000 ß font 200 ℔.

Le Négociant.

Votre difficulté fur la façon d'opérer pour 1 fol eft, je crois, réfolue : continuons, & voyons comment vous entendez celle dont on fait ufage lorfqu'on a 2 fols à la fuite du multiplicateur.

On achete 136 aunes de mouffeline à 14 ℔ 2 ß l'aune ; combien faut-il payer pour la valeur de ces 136 aunes ?

$$1 \ 3|6 \text{ aunes}$$
$$\text{à} . . \ 14 \text{℔} \ \ 2 \text{ ß}$$
$$\overline{544}$$
$$136$$
$$13 \ \ \ \ 12 \text{ ß}$$
$$\overline{1917 \ \ \ 12}$$

Après avoir multiplié 136 aunes par 14 ℔, fuivant la méthode ordinaire, il eft queftion d'opérer pour 2 ß ; c'eft-à-dire, d'ajouter, à ce produit des 14 ℔, ce que ces 2 ß produiront de plus, puifqu'ils font partie du prix de l'aune.

Dites, Si 136 aunes me coûtoient 20 ß ou 1 ℔ chacune, la valeur de ces 136 aunes seroit 136 ℔. Il s'enfuit donc de-là, que 2 ß étant la dixième partie de 20 ß ou d'une livre, ces 2 ß doivent me produire la dixième partie de 136 ℔.

Pour prendre cette dixième partie, retranchez votre dernier chiffre; posez les deux chiffres qui restent au multiplicande, tels qu'ils sont, en avançant d'une colonne sur la droite; & le chiffre que vous avez retranché, doublez sa valeur, & portez-la à la colonne des sols : cette opération vous donne 13 ℔ 12 ß, qui font exactement la dixième partie de 136 ℔, comme 2 ß font la dixième partie de 20 ß. Cette opération est générale sur tous les nombres quelconques, lorsqu'il est question d'en prendre le dixième.

Elle est fondée sur le même principe que celle d'un sol; & c'est ce que vous allez voir dans la démonstration que je vais vous en faire.

Suppofons, par exemple, 40 aunes de toile à 2 ß; il est évident qu'elles coûteront 4 ℔. Pour trouver ces 4 ℔ par l'opération, il faut donc raisonner ainsi : 40 aunes de toile à 1 ℔ l'aune coûteroient 40 ℔; à 2 ß, elles coûteront la dixième partie de 40 ℔ : c'est donc chercher dans 40 combien de fois il y a 10. Je retranche un chiffre, il ne me reste plus que 4; mais il est sous-entendu que j'ai également retranché un chiffre du nombre 10, qui exprime le dixième que je cherche : & alors je ne cherche plus combien de fois 10 est contenu dans 40, mais combien de fois 1 est contenu dans 4. Or, chercher combien de fois 1 est contenu dans un nombre quelconque, c'est en prendre le unième. Il s'enfuit donc de-là que ce unième n'est autre chose que le nombre même dans lequel on le cherche, puisqu'il contient l'unité autant de fois qu'il la représente par sa valeur : ainsi je pose donc 4, en avançant d'une colonne sur la droite, comme vous voyez dans l'exemple ci-après ; & je réponds, suivant la question proposée, que 40 aunes de toile à 2 ß l'aune doivent coûter 4 ℔.

$$4|0 \text{ aunes}$$
$$\text{à .. } \quad : : \text{℔ 2 ß} :: \text{℔}$$
$$\overline{2 \text{ ℔} :: \quad ::}$$

Quant au chiffre retranché dont on double la valeur, que l'on porte à la colomne des fols, vous comprenez que celui-ci étant un zéro, il eft inutile de l'y tranfporter. Mais, en fuppofant tout autre chiffre, il eft encore queftion de vous démontrer la raifon pour laquelle on double fa valeur, pour être portée enfuite à la colomne des fols.

Suppofons 44 aunes de toile à 2 ß l'aune. Vous dites donc : 44 aunes, à 20 ß ou une livre l'aune, coûteroient 44 ℔; à 2 ß elles doivent coûter le dixième. Vous retranchez le dernier chiffre ; action qui fuppofe la même opération à l'égard du zéro qui exprime le nombre 10. Vous pofez le chiffre du multiplicande fuivant fa valeur : celle du chiffre retranché étant doublée, vous la portez à la colomne des fols ; & vous trouvez pour produit 4 ℔ 8 ß.

$$4|4 \text{ aunes}$$
$$\text{à.... ℔ 2 ß}$$
$$\overline{4 \quad 8}$$

Ce 4, dont la valeur eft doublée, & fon tranfport à la colomne des fols, fous-entend la même opération que vous venez de faire pour trouver les livres. Ce chiffre retranché repréfente 4 ℔ : ces 4 ℔, réduites en fols, font 80 ß. Il eft queftion de prendre le dixième de ces 80 ß, en retranchant le dernier chiffre, & fous-entendant toujours la même action à l'égard du zéro, qui fert à exprimer le nombre 10. Vous voyez que ce n'eft plus prendre le dixième de 80, mais la unième partie de 8. Or, ce unième de 8 n'eft autre chofe que le nombre même dans lequel on le cherche, puifqu'il contient l'unité autant de fois qu'il la repréfente par fa valeur : ainfi, vous pofez 8 ß à la colomne des fols ; & votre opération eft achevée.

Voici encore une démonftration fimple, qui achèvera
de

de vous donner l'intelligence de cette opération. Si vous vouliez, par exemple, réduire en pièces de 2 ß un certain nombre de livres, comme 4 ℔, 8 ℔, 16 ℔, plus ou moins, il faudroit les multiplier par 10, à cause qu'il y a 10 pièces de 2 ß dans 1 ℔ : or, suivant l'objet de la multiplication, il est donc question d'augmenter le nombre de livres proposées à réduire en pièces de 2 ß autant de fois que le nombre 10 contient d'unités ; ce nombre, exprimé par l'unité & le zéro, ne peut donc augmenter la valeur des chiffres qui composent la quantité de livres que l'on veut réduire, puisque 1 fois 4 est 4, 1 fois 8 est 8, & 1 fois 16 est 16, &c... Il suffit donc d'ajouter, à la suite de chacun de ces chiffres, le zéro, qui, suivant la définition que je vous en ai donnée au commencement de notre conversation, fait valoir ce même chiffre autant de dixaines qu'il exprimoit auparavant d'unités. Ainsi, voulant réduire 4 ℔ en pièces de 2 ß, j'ajoute zéro au 4, & je vois que 4 ℔ font 40 pièces de 2 ß : voulant réduire 8 ℔, j'ajoute également zéro, & je trouve 80 pièces de 2 ß : enfin, voulant réduire 16 ℔ le zéro ajouté me donne 160 pièces de 2 ß (ce qui s'observe dans toute autre circonstance où l'on peut avoir une quantité à multiplier par 10). Il s'enfuit donc de-là que, si, pour réduire des livres en pièces de 2 ß, il suffit d'ajouter un zéro au nombre proposé à réduire ; il s'enfuit donc de-là, dis-je, que, pour rendre à ce nombre la valeur qu'il représentoit auparavant, c'est-à-dire en faire des livres, il n'y a que ce même zéro à retrancher. Ainsi, supprimant zéro du nombre 4|0, il revient 4 ℔ : le retranchant également du nombre 8|0, on retrouve 8 ℔ : enfin, le retranchant encore du nombre 16|0, il revient 16 ℔. Ayant donc, par exemple, 44 aunes, ou tout autre nombre, à 2 ß l'aune, je peux dire : 44 aunes, à 2 ß l'aune, produisent 44 pièces de 2 ß. Pour en faire des livres, je retranche un chiffre : cette opération me donne alors 4 ℔ ; & ce chiffre retranché me représente 4 pièces de 2 ß, desquelles, doublant la valeur pour en faire des sols, j'ai 8 ß que je porte à la colonne des fols.

Ier. Entretien.   H

$$\frac{4\,|\,4 \text{ aunes}}{\text{à.... ℔ 2 ß}}$$
$$4\quad 8$$

Le Chevalier.

Votre démonstration, Monsieur, est si sensible, qu'il est impossible de ne pas comprendre dans l'instant même les principes sur lesquels est établie l'opération de 2 ß. Je conçois cette opération, ainsi que celle d'un sol ; & je crois être en état de passer plus avant, si vous le trouvez bon.

Le Négociant.

Je le veux bien. Voici les plus grandes difficultés levées ; puisque, dans toutes les opérations que nous allons faire, ce ne sera presque plus que des répétitions de ces deux premiè-res opérations.

On demande ce que coûteront 139 aunes de dentelle, à 17 ℔ 3 ß l'aune.

$$1\ 3\,|\,9 \text{ aunes}$$
$$\text{à... } 1\ 7 \text{ ℔ } 3 \text{ ß}$$
$$9\ 7\ 3$$
$$1\ 3\ 9$$
$$1\ 3 \qquad 1\ 8$$
$$6 \qquad 1\ 9$$
$$2\ 3\ 8\ 3 \quad 1\ 7$$

Multipliez à l'ordinaire ; &, pour vos 3 ß, opérez premièrement pour 2 ß, ensuite pour 1 ß ; le produit est la valeur de ces 139 aunes au prix supposé.

Il est bon de vous faire remarquer que ces 3 ß, qui contiennent 2 parties aliquotes de la livre de 20 ß, dont la première qui est 2 ß représente le dixième, & la seconde 1 ß qui représente le vingtième, vous donnent 2 produits, qui sont également parties aliquotes du multiplicande ; lesquels produits sont chacun en particulier, à ce même multiplicande, comme chaque partie aliquote pour laquelle vous opérez est à 20 ß. C'est ce qu'il faut vous démontrer.

Vous opérez pour 2 ß ; & cette partie aliquote vous a donné au produit 13 ℔ 18 ß. Cette somme est le dixième de 139 ℔, comme 2 ß font le dixième de 20 ß.

Dix fois 18 ß font 180 ß ; puisque multiplier par 10 n'est autre chose qu'ajouter zéro au nombre que l'on veut augmenter 10 fois. Des sols, vous en sçavez faire des livres : c'est en retranchant ce zéro, & en prenant la moitié du nombre restant. Il vient donc 9 ℔, comme vous voyez dans l'exemple A.

Dix fois 13 ℔, suivant le premier principe, font 130 ℔. Ajoutez ces 130 ℔, comme vous voyez dans l'exemple A ; vous trouverez donc 139 ℔ : ce qui vous prouve clairement que 13 ℔ 18 ß font le dixième de 139 ℔, comme 2 ß font le dixième de 20 ß. De laquelle preuve résulte nécessairement le principe suivant : que toute partie aliquote quelconque produit toujours, par l'opération, un nombre qui est aliquote du multiplicande, dans le même rapport que la partie aliquote opérante est à 20 ß.

A

1 8|0 ß
———
  9 ℔
1 3 0
———
1 3 9 ℔

Vous avez opéré pour 1 ß ; & cette partie aliquote vous a donné au produit 6 ℔ 19 ß : cette somme est le vingtième de 139 ℔, comme 1 ß est le vingtième de 20 ß.

B	**C**	**D**
1 9 ß	6 ℔	120 ℔
2 0	20	19
3 8|0 ß	120 ℔	139 ℔ .
1 9 ℔		

Augmentez par la multiplication vos 19 ß vingt fois,

H ij

comme vous voyez dans l'exemple B, vous aurez 380 ß; defquels faifant des livres, vous aurez déjà 19 ℔.

Augmentez également 6 ℔, en les multipliant par 20; vous aurez 120 ℔, comme vous voyez dans l'exemple C.

Additionnant, comme à l'exemple D, 120 ℔ & 19 ℔, vous trouverez donc 139 ℔; ce qui vous prouve, avec la dernière évidence, que 6 ℔ 19 ß font le vingtième de 139 ℔, comme 1 ß eft le vingtième de 20 ß.

LE CHEVALIER.

Je m'imagine, Monfieur, entendre la raifon de ces rapports. Dès que je dis, 139 aunes ou tout autre nombre à 20 ß, ou 1 ℔ l'aune, font 139 ℔; il eft évident que j'établis un rapport entre 139 & 20; il doit s'enfuivre de-là, qu'opérant fur 139 & fur 20 en même proportion, il réfultera des produits qui feront auffi à chacun de ces nombres dans un même rapport. Pour expliquer plus clairement ma penfée, voici ce que j'imagine.

20 ß		139 ℔
Si je prends la moitié de 20 ß, j'aurai 10 ß.. 10 ß	Si je prends la moitié de 139 ℔, j'aurai 69 ℔ 10 ß.	69 ℔ 10 ß
Si je prends le quart de 20 ß, j'aurai 5 ß ... 5 ß	Si je prends le quart de 139 ℔, j'aurai 34 ℔ 15 ß.	34 ℔ 15 ß
Si je prens le dixième des 20 ß, j'aurai 2 ß. . . . . 2 ß	Si je prends le dixième des 139 ℔ j'aurai 13 ℔ 18 ß.	13 ℔ 18 ß

Il eft donc prouvé, par cette démonftration, qu'opérant en même proportion fur 20 ß & fur 139 ℔, il me vient des produits qui font, à chacun de leurs nombres, dans un même rapport. De forte que, fi 10 ß font la moitié de 20 ß, 69 ℔ 10 ß font auffi la moitié de 139 ℔ : fi 5 ß font le quart de 20 ß, 34 ℔ 15 ß font auffi le quart de 139 : enfin, fi 2 ß font le dixième de 20 ß, 13 ℔ 18 ß font auffi le dixième de 139 ℔ ; & ainfi de toutes les autres parties de 20 ß pour lefquelles je pourrois opérer fur 139 ℔, ou tout autre nombre, qui donneroient toujours des produits qui feront, à 139, ou à ces autres nombres, dans la même proportion que ces mêmes parties font à 20 ß.

Le Négociant.

Votre démonftration eft jufte & précife ; je fuis charmé de vous voir comprendre fi aifément. Je n'ai donc plus qu'à vous faire opérer la fuite des fols, fans répéter ce que vous entendez auffi bien que moi :

$$
\begin{array}{rr}
148 \text{ aunes} & \\
\text{à } \quad 39 \text{ ℔ } \quad 4 \text{ ß} & \\
\hline
1332 & \\
444 & \\
29 & 12 \\
\hline
5801 & 12 \\
\end{array}
$$

Prenez pour 4 ß le 5me.

Vous auriez pu opérer différemment pour ces 4 ß, en pofant pour 2 fois 2 ß : c'eût été la même chofe. Répétez cette opération.

$$
\begin{array}{rr}
148 \text{ aunes} & \\
\text{à } \quad 39 \text{ ℔ } \quad 4 \text{ ß} & \\
\hline
1332 & \\
444 & \\
14 & 16 \\
14 & 16 \\
\hline
5801 & 12 \\
\end{array}
$$

Prenez pour 2 ß le dixième
pofez encore le même produit

208 aunes
à 26 ℔ 5 ß
_____
1248
416
Prenez pour 5 ß le quart . . 52
_____
5460

3 3|5 aunes
à .. 1 8 ℔ 6 ß
_____
2680
335
Prenez pour 5 ß le quart   8 3   1 5
prenez pour 1 ß le 20me.   1 6   1 5
_____
6 1 3 0   1 0

1 7|3 aunes
à .. 2 3 ℔ 7 ß
_____
5 1 9
3 4 6
Prenez pour 5 ß le quart . .   4 3   5
prenez pour 2 ß le 10me .. .   1 7   6
_____
4 0 3 9   1 1

2 5|5 aunes
à .. 4 5 ℔   8 ß
_____
1 2 7 5
1 0 2 0
Prenez pour 5 ß le quart   6 3   1 5
prenez pour 2 ß le 10me.   2 5   1 0
prenez pour 1 ß le 20me.   1 2   1 5
_____
1 1 5 7 7

```
                    109 aunes
            à . . 34 ℔  9 ß
            ─────────────────
                    436
                    327
Prenez pour 5 ß le quart . .  27      5
prenez pour 4 ß le cinquième. .  21     16
            ─────────────────
                    3755     1
            ─────────────────


                    305 aunes
            à . . 27 ℔ 10 ß
            ─────────────────
                    2135
                    610
Prenez pour 10 ß la moitié . .  152    10
            ─────────────────
                    8387    10
            ─────────────────


                  1 3|5 aunes
            à . . 47 ℔ 1 1 ß
            ─────────────────
                    945
                    540
Prenez pour 10 ß la moitié . .  67     10
prenez pour 1 ß le 20me.  . . . . 6     15
            ─────────────────
                    6419       5
```

Je ne penfe pas qu'il foit néceffaire de vous faire opérer jufqu'à 19 ß, puifque ce feroit une répétition des exemples que je viens de vous donner, précédés chacun en particulier de ce que 10 ß vous produiroient. Paffons donc à
l'opération des deniers, que nous allons commencer fur le
produit d'un fol ; après quoi nous agirons pour ces mêmes
deniers fur le produit de 2 ß. L'une & l'autre de ces opération font fondées, ainfi que celles des fols, fur la proportion que les deniers pour lefquels on opère peuvent avoir
avec ce même produit d'un fol ou de deux fols.

```
                    1 5|7 aunes
              à.... 1 7 ℔  1 ß 1 ♍
              ─────────────────────
                    1 0 9 9
                    1 5 7
Prenez pour 1 ß le 20me. ......7   1 7
prenez pour 1 ♍ le 12me.
   du produit d'un fol ............1 3    1
              ──────────────────────
                    2 6 7 7  1 0   1

                        A
Faux produit de 6 ♍. .̈ . 3 ℔ 18 ß 6 ♍
                        ──────────────
produit de 1 ♍. .........  13    1.
```

Voici de quelle façon il faut raifonner. Dites : 1 ♍ eſt la douzième partie d'un fol ; or, ſi 1 ß me produit 7 ℔ 17ß, 1 ♍ me produira donc la douzième partie de ces 7 ℔ 17 ß. Prenez-la, en difant, Le douzième de 7 ℔ ne me donne rien à la colomne des livres ; mais, en les réduifant en dixaines de fols, cela fait 14 dixaines ; auxquelles ajoutant celle qui eſt à la colomne des dixaines de fols, cela fait alors 15 dixaines, defquelles le douzième eſt 1 : réduifez les 3 qui vous reſtent en fols, vous aurez 30 ß ; ajoutez-y les 7 ß qui font à la colomne des fols : de ces 37 ß pofez-en le douzième, qui eſt 3 ß, à la colomne des fols ; & ce fol qui vous reſte, réduifez-le en deniers, & dites, Le douzième de 12 ♍ eſt 1 ♍, que vous pofez à la colomne des deniers : de forte que l'opération de votre denier vous produit 13 ß 1 ♍, qui font exactement la partie aliquote de 7 ℔ 17 ß, qui en repréfente le douzième, comme 1 ♍ eſt la partie aliquote d'un fol, qui en repréfente également le douzième.

On auroit pu opérer plus facilement pour ce denier, en faifant un faux produit : on appelle faux produit la fuppofi-tion d'un nombre qui n'eſt pas dans la règle ; & qui, pour cette raifon, fe fait fur un petit morceau de papier vo-lant, ou fur le même papier, pourvu qu'il foit hors du corps de la règle. Je peux fuppofer, par exemple, que j'ai
6 ♍

6 ᵈ au lieu d'un. Alors, en vertu de cette suppoſition, je dis, Si 1 ß me produit 7 ℔ 17 ß, 6 ᵈ doivent me produire la moitié de ces 7 ℔ 17 ß, qui eſt 3 ℔ 18 ß 6 ᵈ que je poſe, comme vous voyez dans l'exemple A, page 64.

N'ayant qu'un denier, dites alors, Si 6 ᵈ m'ont produit 3 ℔ 18 ß 6 ᵈ, 1 ᵈ denier doit me produire la ſixième partie de cette ſomme, que je prends, en diſant, Le ſixième de 3 ℔ ne me donne rien à la colomne des livres : mais, en les réduiſant en dixaines de ſols, cela fait 6 dixaines ; auxquelles ajoutant celle qui eſt à la colomne des dixaines de ſols, cela fait 7 dixaines ; deſquelles le ſixième eſt une dixaine. Réduiſez celle qui vous reſte en ſols, vous aurez 10 ß ; ajoutez-y les 8 ß qui ſont à la colomne des ſols ; & de ces 18 ß poſez-en le ſixième, qui eſt 3, à la colomne des ſols. Dites enſuite, Le ſixième de 6 ᵈ eſt 1 ᵈ, que vous poſez à la colomne des deniers ; & le produit de votre denier, opéré ſur celui de 6 ᵈ que vous avez ſuppoſé, vous donne 13 ß 1 ᵈ ; ſomme ſemblable à celle que vous avez trouvée en prenant le douzième.

On auroit encore pu ſuppoſer un autre faux produit, pour faciliter l'opération de ce denier. Ayant fait un faux produit de 6 ᵈ, qui a donné 3 ℔ 18 ß 6 ᵈ, il n'y avoit qu'à dire, Si 6 ᵈ me produiſent 3 ℔ 18 ß 6 ᵈ, il eſt évident que 3 ᵈ me produiront la moitié de cette ſomme, qui eſt 1 ℔ 19 ß 3 ᵈ : enſuite, ſi 3 ᵈ donnent 1 ℔ 19 ß 3 ᵈ, 1 ᵈ doit néceſſairement produire le tiers de cette ſomme, que l'on prend, en diſant, Le tiers d'une livre n'eſt rien à la colomne des livres ; mais cette livre réduite en ſols, à laquelle on ajoute les 19 ß qui ſont à la ſuite, forme un total de 39 ß, deſquels le tiers eſt 13 ß ; enſuite le tiers de 3 ᵈ eſt 1 ᵈ que je poſe, comme dans l'exemple B : & je trouve, ainſi que dans la première & ſeconde opération, 13 ß 1 ᵈ.

B

Faux produit de 6 ᵈ....	3 ℔	18 ß	6 ᵈ
Faux produit de 3 ᵈ....	1	19	3
Produit d'un denier.........	13		1

Le Chevalier.

Je pense, Monsieur, qu'on auroit pu encore raisonner d'une autre façon; & dire, comme dans l'exemple C ci-desious, Si 6 ₰ m'ont produit 3 ℔ 18 ß 6 ₰, 2 ₰ me produiront le tiers de cette somme, qui est 1 ℔ 6 ß 2 ₰ : ensuite, si 2 ₰ me donnent 1 ℔ 6 ß 2 ₰, il est évident qu'un denier me produira la moitié, que je prends, en disant, La moitié d'une livre n'est rien à la colomne des livres ; mais cette livre réduite en sols, à laquelle on ajoute les 6 sols qui sont à la suite, forme un total de 26 sols, dont la moitié est 13 sols ; ensuite, la moitié de 2 ₰ est 1 ₰ que je pose : & je trouve une somme semblable à celle de votre premiè-re, seconde & troisième opération.

C

Faux produit de 6 ₰	3 ℔ 18 ß 6 ₰
Faux produit de 2 ₰	1 6 2
Produit d'un denier.	13 1

Le Négociant.

Sans doute : vous trouverez toujours la même somme que vous ont produit les première, seconde & troisième opérations. En suppofant même encore un faux produit de 4 ₰ qui seroit le tiers du produit d'un sol, & de ce faux produit prenant le quart, il reviendroit encore la même somme. La raison de cette égalité de produit est fondée sur ce principe : Dès qu'un nombre est partie aliquote d'un autre nombre, qui est lui-même partie aliquote d'un tout quelconque, il s'ensuit que le produit de la petite partie aliquote, provenant de l'opération sur la plus grande partie aliquote, sera toujours le même que le produit de cette même petite partie aliquote, provenant de l'opération sur le tout. Ainsi, le produit de 1 sur 6, de 1 sur 3, de 1 sur 2, & de 1 sur 4, sera égal à celui de 1 sur 12 : parce que 1 étant partie de 12, & l'étant aussi de 6, de 3, de 2 & de 4, qui sont eux-mêmes aliquotes de 12 ; l'opération de

1 fur 6, de 1 fur 3, de 1 fur 2 & de 1 fur 4, doit donc donner un produit égal à celui de 1 fur 12 ; puifque la fixième partie de 6, qui eft la moitié de 12 , doit produire une fomme égale à celle de la douzième partie de 12 ; la troifième partie de 3, qui eft le quart de 12, doit encore produire une fomme égale à la douzième partie de 12 ; la moitié de 2, qui eft la fixième partie de 12, doit produire une fomme égale à la douzième partie de 12 ; & enfin, la quatrième partie de 4, qui eft le tiers de 12, doit toujours produire une fomme égale à la douzième partie de 12. Voici un exemple qui vous fera encore mieux entendre ce raifonnement.

<table>
<tr><td>12</td><td></td><td>12</td></tr>
<tr><td>La moitié de 12 eft . . 6</td><td></td><td>Le quart de 12 eft . . . 3</td></tr>
<tr><td>Le fixième de 6 eft . . 1</td><td></td><td>Le tiers de 3 eft . . . . 1</td></tr>
<tr><td>Le douzième de 12 eft 1</td><td></td><td>Le douzième de 12 eft 1</td></tr>
</table>

<table>
<tr><td>12</td><td></td><td>12</td></tr>
<tr><td>Le fixième de 12 eft . . 2</td><td></td><td>Le tiers de 12 eft . . . . 4</td></tr>
<tr><td>La moitié de 2 eft . . . 1</td><td></td><td>Le quart de 4 eft . . . . 1</td></tr>
<tr><td>Le douzième de 12 eft 1</td><td></td><td>Le douzième de 12 eft 1</td></tr>
</table>

Vous voyez donc par-là que, fi un fol ou 12 ᵈᵇ m'ont produit une fomme, il faut que le produit de la plus petite partie aliquote de 12, opérée fur une plus grande partie aliquote du même nombre 12, foit femblable au produit que je trouverois en opérant pour cette plus petite partie aliquote fur la fomme que m'auroit donné 12 ᵈᵇ ou 1 ß. Ainfi, pour revenir à l'exemple précédent :

A

1 ß produit	7	℔	17	ß
6 ᵈᵇ produifent la moitié . .	3	18	6 ᵈᵇ	
Pour 1 ᵈᵇ le fixième		13	1	
Ou pour 1 ᵈᵇ le douzième .		13	1	

B

1 ß produit . . . . 7 ℔ 17 ß

3 ᵈ produifent le quart . . 1   19   3 ᵈ

Pour 1 ᵈ le tiers   13   1

Ou pour 1 ᵈ le douzième .   13   1

C

1 ß produit . . . . 7 ℔ 17 ß

2 ᵈ produifent le fixième . 1   6   2 ᵈ

Pour 1 ᵈ la moitié   13   1

Ou pour 1 ᵈ le douzième .   13   1

D

1 ß produit . . . . 7 ℔ 17 ß

4 ᵈ produifent le tiers . . 2   12   4 ᵈ

Pour 1 ᵈ le quart   13   1

Ou pour 1 ᵈ le douzième .   13   1

Un fol produit donc, comme dans les exemples A, B, C, D, 7 ℔ 17 ß ; il s'enfuit donc de-là que, prenant pour 1 ᵈ le douzième de cette fomme, il vient pour produit 13 ß 1 ᵈ, que je trouve également en prenant le fixième de ce qu'ont produit 6 ᵈ, le tiers de ce qu'ont produit 3 ᵈ, la moitié de ce qu'ont produit 2 ᵈ, ou le quart de ce qu'ont produit 4 ᵈ : preuve inconteftable de ce que je viens de vous dire plus haut, que le produit de la plus petite partie aliquote, provenant de l'opération fur le tout, eft toujours femblable à celui de la même petite partie, opérée fur une plus grande partie aliquote du même tout. C'eft ce que j'ai voulu vous démontrer avec une certaine étendue, afin de n'être pas obligé de revenir fur nos pas, lorfqu'il fera quef-tion de faire des faux produits, ou d'opérer quelquefcis pour des deniers, non fur ce qu'auront produit un fol, ou deux fols, mais fur ce qu'auront produit les parties aliquotes de ce fol, ou de ces deux fols. Continuons pré-fentement nos opérations des deniers, toujours fur le pro-duit d'un fol.

```
                        1 7|3 aunes
        à .. 4 7 ℔ 1 6 ß 2 ₰
                        ───────────────
                        1 2 1 1
                        6 9 2
Prenez pour 10 f. la moitié        8 6      1 0
Pour 5 f. le quart. . . . . . . .   4 3        5
Pour 1 fol le vingtième. . . .     8      1 3
                                    1      8      1 0   Pour 2 d. le fixième de ce
                        ─────────────────────              qu'un fol vous a produit.
                        8 2 7 0      1 6      1 0
                        ═════════════════════


                        5|0 aunes
        à .. 1 3 ℔ 1 3 ß 3 ℔
                        ───────────────
                        1 5 0
                        5 0
Prenez pour 10 f. la moitié. .      2 5
Pour 2 f. le dixième. . . . . . .   5
Pour 1 f. le vingtième . . . . .    2      1 0
                                    1 2      6     Pour 3 den. le quart de ce
                        ─────────────────────           qu'un fol vous a produit,
                        6 8 3      2      6


                        7|1 aunes
        à .. 1 9 ℔ 1 8 ß 4 ₰
                        ───────────────
                        6 3 9
                        7 1
Prenez pour 10 f. la moitié . .     3 5      1 0
Pour 5 f. le quart. . . . . . . .   1 7      1 5
Pour 2 f. le dixième. . . . . . .   7        2
Pour 1 f. le vingtième. . . . .     3      1 1
                                    1      3      8   Pour 4 den. le tiers de ce
                        ─────────────────────            qu'un fol vous a produit.
                        1 4 1 4      1      8
```

```
                    1 0|0 aunes
                à .. 2 3 ℔ 1 1 ß 5 ₰
                ─────────────────────
                    3 0 0
                    2 0 0
Prenez pour 10 f. la moitié ..   5 0
Pour 1 f. le vingtième ......      5
                         1   1 3 4     Pour 4 den. le tiers de ce
                                       qu'un fol vous a produit.

                                 8 4   Pour 1 d. le quart de ce que
                         ───────────     4 d. vous ont produit.
                         2 3 5 7   1 8
```

```
                    2 2|1 aunes
                à .. 3 4 ℔ 1 6 ß 6 ₰
                ─────────────────────
                    8 8 4
                    6 6 3
Prenez pour 10 f. la moitié ..   1 1 0   1 0
Pour 5 f. le quart ..........      5 5     5
Pour 1 fol le vingtième .....      1 1     1
                                   5     1 0 6   Prenez pour 6 d. la moi-
                         ──────────────────        tié de ce qu'un fol vous
                         7 6 9 6     6 6           a produit.
```

```
                    1·0|5 aunes
                à .. 1 9 ℔ 1 1 ß 9 ₰
                ─────────────────────
                    9 4 5
                    1 0 5
Prenez pour 10 fi la moitié ..   5 2   1 0
Pour 1 fol le vingtième ....      5     5
                                 2   1 2   6   Prenez pour 6 d. la moitié
                                                 de ce qu'un fol vous a
                                                 produit.
                                     8   9     Pour 1 d. le sixième de ce
                         ────────────────         que 6 den. vous ont pro-
                         2 0 5 5   16   3         duit.
```

```
                4|9 aunes
            à .. 2 1 ℔ 1 1 ß 8 ᵈ
        ────────────────────────────
                49
               98
Prenez pour 10 f. la moitié..  24    10
Pour 1 f. le vingtième.....     2     9
                                1     4   6    Prenez pour 6 d. la moitié
                                               de ce qu'un sol vous a
                                               produit.
                                      8   2    Pour 2 d. le tiers de ce que
                                               6 d. vous ont produit.
        ────────────────────────────
             1057     11   8
        ────────────────────────────


                2 1|9 aunes
            à .. 2 8 ℔    1 ß 9 ᵈ
        ────────────────────────────
               1752
               438
Prenez pour 1 f. le vingtième.  10    19
                                 5     9   6   Pour 6 d. la moitié de ce
                                               qu'un sol vous a produit.
                                 2    14   9   Pour 3 d. la moitié de ce
                                               que 6 d. vous ont pro-
        ────────────────────────────          duit.
             6151      3    3
        ────────────────────────────


                1 9|9 aunes
            à .. 2 5 ℔ 1 1 ß 1 0 ᵈ
        ────────────────────────────
               995
               398
Prenez pour 10 f. la moitié..  99    10
Pour 1 f. le vingtième.....     9    19
                                4    19   6    Pour 6 d. la moitié de ce
                                               qu'un sol vous a produit.
                                3     6   4    Pour 4 d. le tiers de ce
                                               qu'un sol vous a produit.
        ────────────────────────────
             5092     14   10
        ────────────────────────────
```

Vous auriez pu prendre, pour 3 ᵈ, la moitié du produit de 6 ᵈ;

prendre enfuite, pour 1 ℔, le tiers du produit des 3 ℔. Mais,
comme on doit toujours chercher le moyen d'abréger fes
opérations, il vaut mieux prendre pour 6 ℔ & pour 4 ℔.

```
                    7|7 aunes
             à . . 2 7 ℔ 1 3 ß 1 1 ℔
            ─────────────────────────
                    5 3 9
                  1 5 4
Prenez pour 10 f. la moitié.     3 8    1 0
Pour 2 f. le dixième . . . . . . . 7   1 4
Pour 1 f. le vingtième . . . . .   3   1 7
                                1    1 8    6 Pour 6 d. la moitié de ce
                                               qu'un fol vous a produit.
                                      1 9    3 Pour 3 d. la moitié de ce
                                               que 6 d. vous ont produit.
                                    1.2   1 0 Pour 2 d. le tiers de ce que
            ─────────────────────────          6 d. vous ont produit.
             2 1 3 2    1 1    7
            ═════════════════════════
```

Je vous crois fuffifamment inftruit fur la façon d'opérer
pour les deniers fur le produit d'un fol, ainfi que fur les
parties aliquotes de ce même fol : répétons maintenant les
opérations des deniers fur le produit de 2 ß, qui font fondées, ainfi que les précédentes, fur le rapport que les parties ont avec leur tout, c'eft-à-dire, fuivant le rapport &
la proportion que les deniers pour lefquels on opère ont
avec 24 ℔ ou 2 ß.

```
                    1 1|7 aunes
             à . . 1 4 ℔    2 ß 1 ℔
            ─────────────────────────
                  4 6 8
                1 1 7
Prenez pour 2 f. le dixième.    1 1    1 4
                                         9    9
            ─────────────────────────
             1 6 5 0    3    9
```

Pour

A

Pour 1 ß.	5 ℔ 17 ß
Pour 1 ₰ le 12me. . .	9 ß 9 ₰

B

Pour 6 ₰	2 ℔ 18 ß 6 ₰
Pour 1 ₰ le sixième .	9 9

C

Pour 3 ₰	1 ℔ 9 ß 3 ₰
Pour 1 ₰ le tiers . . .	9 9

Pour l'opération d'un denier, faites un faux produit d'un sol, comme vous voyez dans l'exemple A ; il vous donne 5 ℔ 17 ß. Prenez ensuite, pour 1 ₰, le douzième de cette somme ; vous aurez 9ß 9 ₰.

Si vous voulez opérer plus aisément, faites un second faux produit de 6 ₰, comme dans l'exemple B : il vous donne 2 ℔ 18 ß 6 ₰ : prenez, pour 1 ₰, le sixième, qui est 9 ß 9 ₰. Ou enfin faites un troisième faux produit de 3 ₰, comme dans l'exemple C : il vous donnera 1 ℔ 9 ß 3 ₰ : prenez ensuite, pour 1 ₰, le tiers qui est 9 ß 9 ₰ : portez-les dans le corps de la règle, pour être additionnés avec les autres sommes. Quant à l'égalité de ce produit, quoique opéré de plusieurs façons différentes, vous comprenez que c'est en conséquence de ce que je vous ai dit ci-devant sur un pareil sujet : il est donc inutile de vous en parler davantage.

<pre>
                3 1|5 aunes
           à .. 3 3 ℔ 1 2 ß 2 đ
          ─────────────────────
                9 4 5
              9 4 5
Prenez pour 10 la moitié ..   1 5 7   1 0
Pour 2 f. le dixième 3 1   1 0
                                2   1 2   6   Pour 2 d. le douzième de
          ─────────────────────   ce que 2 f. vous ont
          1 0 5 8 6   1 2   6   produit.
          ─────────────────────
</pre>

Pour l'opération des 2 đ, vous pouvez faire un faux produit d'un fol, comme dans l'exemple A (page 73), duquel prenant le fixième, vous trouverez une fomme femblable à celle que ces mêmes 2 đ vous ont donnée en prenant le douzième du produit de 2 ß.

<pre>
                1 2|7 aunes
           à .. 1 3 ℔ 1 7 ß 3 đ
          ─────────────────────
                3 8 1
              1 2 7
Prenez pour 10 f. la moitié.   6 3   1 0
Pour 5 f. le quart 3 1   1 5
Pour 2 f. le dixième 1 2   1 4
                                1   1 1   9   Pour 3 d. le huitième de ce
          ─────────────────────   que 2 f. vous ont produit.
          1 7 6 0   1 0   9
          ─────────────────────
</pre>

Pour l'opération des 3 đ, vous pouvez encore faire un faux produit d'un fol, comme dans l'exemple B, duquel vous prendrez le quart, qui vous donnera 1 ℔ 11 ß 9 đ.

<pre>
                        B
Pour 1 ß . . . . . . 6 ℔ 7 ß
Pour 3 đ le quart. 1   11   9 đ
                    ──────────────
</pre>

```
                    8|9 aunes
              à .. 1 2 ℔ 1 4 ß 4 ℔
              ───────────────────────
                    1 7 8
                    8 9
Prenez pour 10 f. la moitié.      4 4      1 0
Pour 2 f. le dixième . . . . . .    8      1 8
Posez encore le même pro-
   duit . . . . . . . . . . . . . . .   8      1 8
                                  1      9   8    Pour 4 d. le sixième de ce
              ───────────────────────────        que 2 f. vous ont produit.
              1 1 3 1     1 5   8
              ───────────────────────────
```

```
                    1 7|3 aunes
                    4 7 ℔ 1 2 ß 5 ℔
              ───────────────────────
                    1 2 1 1
                    6 9 2
Prenez pour 10 f. la moitié.      8 6      1 0
Pour 2 f. le dixième . . . . . .    1 7      6
                                  2      1 7   8    Pour 4 d. le sixième de ce
                                                    que 2 f. vous ont produit.
                                        1 4   5    Pour 1 d. le quart de ce que
              ─────────────────────────────        4 d. vous ont produit.
              8 2 3 8     8   1
              ─────────────────────────────
```

```
                    1 0|1 aunes
              à .. 3 0 ℔ 2 ß 6 ℔
              ───────────────────────
                    3 0 3 0
Pour 2 fols le dixième . . .    1 0      2
                                  2      1 0   6    Pour 6 d. le quart de ce que
              ─────────────────────────────        2 f. vous ont produit.
              3 0 4 2     1 2   6
              ─────────────────────────────
```

<pre>
                  1 | 1 aunes
             à . 1 7 ℔ 1 7 ß 7 ᵈ

                    7 7
                    1 1
Prenez pour 10 f. la moitié.   5   1 0
Pour 5 fols le quart   2   1 5
Pour 2 fols le dixième . . .   1   2
                                  5 . 6   Pour 6 d. le quart de ce que
                                             2 f. vous ont produit.

                                       1 1   Pour 1 d. le sixième de ce
                                             que 6 d. vous ont produit.

                    1 9 6   1 3   5

                  1 5 | 0 aunes
             à . . 2 9 ℔ 2 ß 8 ᵈ

                  1 3 5 0
                  3 0 0
Prenez pour 2 f. le dixième.   1 5
                                  5   Pour 8 d. le tiers de ce que
                                             2 f. vous ont produit.

                  4 3 7 0

                  1 7 | 3 aunes
             à . . 3 3 ℔ 7 ß 9 ᵈ

                  5 1 9
                  5 1 9
Prenez pour 5 fols le quart.   4 3   5
Pour 2 fols le dixième 1 7   6
                                4   6   6   Pour 6 d. le quart de ce que
                                             2 f. vous ont produit.

                                2   3   3   Pour 3 d. la moitié de ce
                                             que 6 d. vous ont produit.
                  5 7 7 6   0   9
</pre>

```
                1 6|3 aunes
            à . . 3 7 ℔  9 ß 10 d

                1 1 4 1
                4 8 9
Prenez pour 5 fols le quart.      4 0     1 5
Pour 2 fols le dixième...         1 6       6
Posez encore le même produit      1 6       6
                                    4     1       6   Pour 6 d. le quart de ce que
                                                          2 f. vous ont produit.

                                    2    1 4       4   Pour 4 d. le fixième de ce
                                                          que 2 f. vous ont produit.

                6 1 1 1      2    10
```

Vous auriez pu opérer différemment : &, au lieu de prendre pour 4 ᵈ le fixième de ce que vous ont produit 2 ß, comme vous venez de faire, vous euffiez pu prendre pour 3 ᵈ la moitié du produit de 6 ᵈ ; & pour 1 ᵈ le tiers du produit de 3 ᵈ ; ce qui auroit été égal. Mais la premiere opération étant plus brève, elle doit être préférée à cette dernière.

```
                1 9|7 aunes
            à . . 2 9 ℔ 1 9 ß 11 d

                1 7 7 3
                3 9 4
Prenez pour 10 f. la moitié.      9 8     1 0
Pour 5 fols le quart ......       4 9       5
Pour 2 fols le dixième ...        1 9     1 4
Posez encore le même produit      1 9     1 4
                                    4    1 8       6   Pour 6 d. le quart de ce que
                                                          2 f. vous ont produit.

                                    2      9       3   Pour 3 d. la moitié de ce
                                                          que 6 d. vous ont produit.

                                    1    1 2     1 0   Pour 2 d. le tiers de ce que
                                                          6 d. vous ont produit.

                5 9 0 9      3     7
```

Le Chevalier.

Je comprends parfaitement, Monsieur, les opérations
des deniers, tant sur le produit d'un sol, que sur le produit
de deux sols; vous m'en avez donné une parfaite intelligence par tous ces différens exemples .Mais, s'il arrivoit
qu'on me proposât une question comme celle-ci ; 240 aunes de toile ou autre chose quelconque, à 7 ℔ 7 ᵈ l'aune, comment me tirerois-je d'affaire ?

Le Négociant.

Très-facilement. Vous n'avez qu'à supposer tel faux produit qu'il vous plaira , & opérer ensuite sur ce faux produit, suivant ce que les parties aliquotes qui forment le
nombre de vos deniers seront à ce même faux produit.
L'usage, dans ces sortes de cas, est de supposer toujours le
produit d'un sol, duquel on peut encore tirer d'autres produits , comme je vous l'ai démontré ci-devant , pour faciliter l'opération des deniers. Ainsi , pour résoudre votre
question , & toute autre de même genre , voici de quelle
façon il faut s'y prendre :


```
    2 4|0 aunes          Faux produit d'un sol .... 12 ℔
à ..    7 ℔ 0 ß 7 ᵈ                                ————
    —————————————         Pour 6 deniers la moitié ..  6
    1 6 8 0               Pour 1 denier le sixième.   1
            7                                         ————
    —————————————                                      7
    1 6 8 7
    —————————————
```

Le Chevalier.

Ne pourroit-il pas arriver, Monsieur, qu'il se rencon-
trât quelquefois des questions à résoudre, desquelles le
multiplicateur ou le prix de la chose ne fût qu'un certain
nombre de sols, ou de sols & deniers, ou même seulement
de deniers? Dans ces sortes de cas, doit-on agir par les
parties aliquotes , ou par quelque autre méthode particulière ?

LE NÉGOCIANT.

Il y a plusieurs façons d'opérer : mais la plus abrégée est
par les parties aliquotes, que je vous ai démontrée. Cependant, il faut être instruit des différens moyens par lesquels on peut résoudre les questions du genre que vous
supposez. Soit proposée la question suivante : 274 aunes de
ruban à 13 sols l'aune.

$$2\ 7\ 4 \text{ aunes}$$
$$1\ 3\ \text{ß}$$
$$\overline{8\ 2\ 2}$$
$$2\ 7\ 4$$
$$\overline{3\ 5\ 6\,|\,2\ \text{ß}}$$

Réponse . . . .   1 7 8 ℔ 2 ß

1°. Lorsqu'un certain nombre de sols est le prix d'une
chose, on peut multiplier la quantité de ces choses par le
nombre de sols qui est le prix de ladite chose. Le produit
est la valeur de cette quantité, comme vous voyez dans
l'exemple ci-dessus, où, ayant multiplié 274 aunes par 13 ß,
j'ai pour produit 3562 ß. Pour de ces sols en faire des livres, je retranche la dernière figure ; je prends la moitié de
la somme, en avançant d'une colomne ; je pose à la colomne
des sols le chiffre retranché ; enfin, j'agis comme pour un
sol, & je trouve pour réponse 178 ℔ 2 ß.

2°. Si, à la suite des sols, il se trouvoit des deniers, comme, par exemple, dans la question suivante, 139 aunes de
cordonnet de soie à 15 ß 7 ᵈ l'aune.

$$1\ 3\ 9 \text{ aunes}$$
$$\text{à} \ldots 1\ 5\ \text{ß}\ 7\tfrac{1}{}\,\text{d}$$
$$\overline{}$$
$$6\ 9\ 5\ \text{ß}$$
$$1\ 3\ 9$$

Prenez pour 6 d. la moitié . .   6 9   6 ᵈ
Pour 1 d. le sixième 1 1   7
$$\overline{}$$
$$2\ 1\ 6\,|\,6\quad 1$$
$$\overline{}$$

Réponse . . . .   1 0 8 ℔ 6 ß 1 ᵈ

Je multiplie, comme dans la queſtion précédente, 139 aunes par 15 ß : enſuite j'opère, pour les deniers, proportionnellement aux parties aliquotes d'un ſol. Je dis donc, 139 aunes à 1 ß font 139 ß : par conſéquent, 6 ᵈ doivent me produire la moitié de cette quantité, qui eſt 69 ſols 6 deniers. Vous comprenez que, quand il reſtera quelque choſe à la dernière colomne, ce reſtant n'eſt qu'un nombre de ſols qu'il faut réduire en deniers, & dont on prend la moitié ou le tiers ou le quart, &c. ſuivant la partie pour laquelle on opère. Ainſi, après avoir opéré pour 6 ᵈ, & opérant enſuite pour un ᵈ ſur ce produit de 6 ᵈ, qui eſt 69 ß 6 ᵈ, je dis : Le ſixième de 6 eſt 1, le ſixième de 9 eſt 1 ; il reſte 3 ß, qui font 36 deniers ; auxquels ajoutant les 6 ᵈ qui ſont à la ſuite du produit ſur lequel j'opère, font alors 42 ᵈ, deſquels le ſixième eſt 7 ᵈ que je poſe. Faiſant l'addition ſuivant la méthode ordinaire, je trouve pour produit 2166 ß 1 ᵈ : réduiſant cette quantité de ſols en livres, en opérant comme pour un ſol, je trouve 108 ℔ 6 ß 1 ᵈ.

3°. S'il arrivoit que le prix de la choſe ne fût qu'un certain nombre de deniers, comme dans l'exemple ſuivant ; il faut multiplier la quantité propoſée par les deniers qui font le prix de la choſe. Le produit eſt un nombre de deniers, duquel prenant le douzième pour en faire des ſols, & de ces ſols prenant le vingtième pour en faire des livres, ce qui s'exécute en opérant ainſi que pour 1 ß, vous trouverez la réponſe telle que ſi vous l'euſſiez cherchée par les parties aliquotes.

<pre>
          2 8 9 aunes
     à . . . . 9 ᵈ l'aune
     ─────────────────────
          2 6 0 1 ᵈ
     ─────────────────────
Prenez le douzième. . . . . . .   2 1|6 ß 9 ᵈ
     ─────────────────────
Prenez le vingtième & vous
  aurez pour réponſe. . . . . .   1 0 ℔ 1 6 ß 9 ᵈ
</pre>

Voyez préſentement à réſoudre chacune de ces queſtions
propoſées

propofées par les parties aliquotes. Je commence par la première, qui eft 274 aunes, à 13 ß l'aune.

```
                2 7|4  aunes
          à ..        ℔ 1 3 ß  l'aune
          ______________________________
Pour 10 f. la moitié........    1 3 7
Pour 2 f. le dixième......      2 7      8
Pour 1 f. le vingtième.....     1 3    1 4
          ______________________________
                                1 7 8    2
          ______________________________
```

La feconde queftion eft 139 aunes à 15 ß 7 ᵈ l'aune.

```
              (a) 1 3|9  aunes
          à ..        ℔ 1 5 ß 7 ᵈ
          ______________________________
Pour 10 f. la moitié........   6 9     1 0
Pour 5 f. le quart.........    3 4     1 5
Produit des 7 deniers......    4       1   1
          ______________________________
                               1 0 8   6   1
          ══════════════════════════════
```

```
Faux produit d'un fol ....  (a) 6 ℔ 19 ß
                            ______________________
Pour 6 deniers la moitié....    3    9    6 ᵈ
Pour 1 den. le fixième....           1 1  7
                            ______________________
                                4    1    1
```

La troifième queftion eft 289 aunes, à 9 ᵈ l'aune.

```
              (b) 2 8|9  aunes
          à ..        ℔      ß 9 ᵈ
          ______________________________
Produit des 9 deniers......   1 0   1 6   9
          ______________________________
```

```
Faux produit d'un fol....  (b) 14 ℔ 9 ß
                           ______________________
Pour 6 la moitié..........      7    4    6
Pour 3 deniers le quart....     3   1 2    3
                           ______________________
                               1 0  1 6    9
```

Vous voyez que, par le moyen des faux produits, on n'eſt jamais embarraſſé. Comme vous m'aſſurez entendre les opérations des ſols & deniers de la multiplication, nous allons paſſer à la diviſion, qui eſt la quatrième règle : après quoi, vous ferez en état de comprendre ce que j'ai à vous dire ſur les proportions.

DE LA DIVISION.

La Division eſt une règle dont l'opération conſiſte à partager une ſomme donnée en autant de parties qu'un nombre appellé *diviſeur* ou *partiteur* contient d'unités en lui-même. Suivant la définition de cette règle, vous voyez que ſon objet eſt de connoître la valeur d'une choſe par celle de pluſieurs : ainſi, voulant ſçavoir à combien doit revenir l'aune d'une étoffe, de laquelle une certaine quantité auroit coûté un certain prix, il faut ſe ſervir de la règle que l'on appelle diviſion, pour connoître cette valeur.

Il y a trois nombres à remarquer dans la diviſion, le le *Dividende*, le *Diviſeur* & le *Quotient*. On appelle dividende la ſomme qui doit être partagée, comme, dans l'exemple A, 8ſ82 ℔ : on appelle diviſeur le nombre qui doit partager la ſomme, ainſi que, dans le même exemple, le chiffre 7 : & enfin l'on appelle quotient 1226, nombre qui repréſente la quantité de fois que le diviſeur ou le chiffre 7 eſt contenu dans le dividende.

A

8ſ82 ℔ ⎰ 7
  ⎱ 1226
1ſ
 18
  42
   0

La poſition de cette règle doit être comme vous le voyez dans l'exemple A. Je tire une ligne ſous le dividende,

à la droite duquel je place le diviseur ; & enfuite je fais
une efpèce de { dont le contour de la queue forme un ef-
pace dans lequel je place les chiffres qui doivent compo-
fer le quotient.

On fe fert de trois opérations dans la divifion, lefquelles fe répètent toujours dans le même ordre, jufqu'à ce
que la règle foit faite.

La première opération confifte à chercher combien de
fois le chiffre du divifeur, ou le premier chiffre du divifeur, s'il y en a deux ou un plus grand nombre (en allant de gauche à droite); la première opération confifte,
dis-je, à chercher combien de fois ce chiffre eft contenu
dans le premier chiffre du dividende, en allant auffi de
gauche à droite; obfervant que, fi ce premier chiffre du
dividende ne peut pas contenir celui du divifeur, on en
prend alors deux du dividende, dans lefquels on cherche
combien de fois ce premier chiffre du divifeur eft donc
contenu : & la quantité de fois qu'il s'y trouve fe pofe
dans le quotient.

La feconde opération eft de multiplier le divifeur par
le chiffre que l'on a mis dans le quotient, en allant de
droite à gauche, fuivant l'ordre ordinaire de la multiplication.

La troifième opération eft de fouftraire du dividende le
produit du divifeur, multiplié par le quotient; & de pofer,
fous les chiffres defquels on fouftrait, ce qui refte du dividende, fuivant la méthode ordinaire de la fouftraction.

Cette dernière opération achevée, on defcend un chiffre
du dividende, que l'on place à côté de celui ou de ceux
qui reftent. Cette fomme forme alors un nouveau dividende, fur lequel on répète les trois opérations que je viens
de vous expliquer; obfervant que chacun des chiffres de
la fomme propofée doivent être defcendus l'un après l'autre, & toujours placés à côté du reftant, pour former un
nouveau dividende, fur lequel on fait encore les trois mêmes opérations : ce qui fe réitère depuis le commencement
de la règle jufqu'à la fin. Voici la théorie; procédons maintenant à la pratique. 8582 ℔ à partager entre fept perfon-

nes, combien chaque perfonne doit-elle retirer?

$$8582\text{lb} \left\{ \begin{array}{l} 7 \\ 1226 \end{array} \right.$$

$$\begin{array}{c} 15 \\ 18 \\ 42 \\ 0 \end{array}$$

Première opération. Chercher combien de fois le premier chiffre du divifeur eft contenu dans le premier chiffre du dividende.

Je dis, Dans 8, combien y a-t-il de fois 7? Il s'y trouve une fois; je pofe donc 1 dans le quotient.

Seconde opération. Multiplier le divifeur par le chiffre que l'on a mis dans le quotient.

Je dis une fois 7 eft 7.

Troifième opération. Souftraire, du dividende, la fomme du divifeur multipliée par le chiffre du quotient.

Je dis, Oter 7 de 8, il refte 1 que je pofe.

Remarquez qu'à la fin de cette dernière opération, je defcends toujours, comme je vous l'ai déjà dit, un chiffre de la fomme à divifer, que je place à côté du chiffre reftant, pour avoir un nouveau dividende; action que je réitère autant de fois qu'il y a de chiffres à defcendre, c'eft-à-dire, de chiffres fur lefquels je dois opérer à ladite fomme. Ainfi je defcends le 5, fecond chiffre du dividende, à côté de cet 1, qui m'eft refté de la fouftraction que je viens de faire; c'eft un nouveau dividende fur lequel je vais répéter les mêmes opérations.

Première opération. Dans 15, combien de fois 7? il s'y trouve deux fois; je pofe 2 dans le quotient.

Seconde opération. Deux fois 7 font 14.

Troifième opération. Oter 14 de 15, il refte 1 que je pofe.

Je defcends le 8, troifième chiffre du dividende, & je continue.

Première opération. Dans 18, combien de fois 7? il s'y

trouve deux fois; je pose 2 dans le quotient.

Seconde opération. Deux fois 7 font 14.

Troisième opération. Oter 14 de 18, il reste 4 que je pose.

Je descends le 2, quatrième & dernier chiffre de ladite somme à diviser, que je pose à côté du 4 qui me reste: ce nouveau dividende est 42, sur lequel je répète les opérations précédentes.

Première opération. Dans 42, combien de fois 7? il s'y trouve six fois; je pose 6 dans le quotient.

Seconde opération. Six fois 7 font 42.

Troisième opération. Oter 42 de 42, il reste rien; je pose zéro, & la règle est finie.

LE CHEVALIER.

S'il vous eût resté, Monsieur, un chiffre qui eût exprimé une valeur, qu'en auriez-vous donc fait, puisque vous n'aviez plus de chiffre à descendre?

LE NÉGOCIANT.

J'aurois réduit ce chiffre restant en sols, en le multipliant par 20 sols; j'aurois divisé ce nombre de sols par 7, par le moyen des trois opérations dont j'ai fait usage jusqu'à présent. S'il me fût resté un nombre de sols, je les aurois réduits en deniers, en les multipliant par 12; & j'aurois ensuite divisé ce nombre de deniers par 7, en répétant toujours les mêmes opérations. Mais, comme il ne reste aucune valeur, la division est faite; & vous voyez que chaque personne doit retirer 1226 ℔.

LE CHEVALIER.

Je vous prie, Monsieur, de vouloir bien, par de nouveaux exemples, me mettre dans le cas de vous proposer plusieurs difficultés que j'imagine dans l'opération de cette règle, & que je ne peux vous faire connoître qu'en les ayant sous les yeux.

LE NÉGOCIANT.

Volontiers; vous n'avez qu'à proposer ces difficultés..

Quelle eſt la première qui ſe préſente à votre eſprit ?

Le Chevalier.

La voici : partagez, s'il vous plaît, 72092 ℔ entre neuf perſonnes.

72092 ℔ { 9

—————

09   { 8010 ℔ 4 ß 5 ₰

02

20

—————

40

4

12

—————

48

3

Le Négociant.

Réſolvez vous-même cette queſtion : &, quand vous ſerez embarraſſé, je viendrai à votre ſecours. Dites donc :

Première opération. Dans 7, combien de fois 9 ? il n'y eſt pas. Vous devez donc ici prendre deux chiffres, & dire, En 72, combien de fois 9 ? il s'y trouve huit fois. Poſez 8 dans le quotient.

Seconde opération. Huit fois 9 ſont 72.

Troiſième opération. Oter 72 de 72, il ne reſte rien. Deſcendez un chiffre de la ſomme à diviſer, pour avoir un nouveau dividende. Ce chiffre eſt un zéro : comme il ne vous eſt rien reſté de la ſouſtraction que vous venez de faire, ce nouveau dividende n'ayant aucune valeur, il ne peut donc pas contenir le diviſeur. Or, il eſt à remarquer que, toutes les fois que vous deſcendez un chiffre de la ſomme à diviſer, pour, avec le reſtant, former un nouveau dividende ; il eſt à remarquer, dis-je, que l'on doit mettre un chiffre dans le quotient, qui exprime une valeur plus ou moins grande, ſuivant que le diviſeur eſt contenu plus ou moins de fois dans le dividende. Ici, le dividende n'ayant donc point de valeur, il ne peut contenir le diviſeur : mais ayant defcendu un chiffre, & étant obligé d'en porter un dans le quotient à caufe de cette action, il faut en mettre un qui n'exprime aucune valeur en lui-même : ainfi, vous devez pofer un zéro dans le quotient ; ce qui s'obferve toutes les fois qu'ayant defcendu un chiffre, le nouveau dividende ne peut contenir le divifeur. Je crois que votre difficulté eft levée par cette explication. Continuez, en obfervant toujours les mêmes opérations.

Defcendez maintenant le 9, & dites :

Première opération. Dans 9, combien de fois 9 ? il s'y trouve une fois. Pofez 1 dans le quotient.

Seconde opération. Une fois 9 eft 9.

Troifième opération. Oter 9 de 9, il ne refte rien.

Defcendez le 2. Vous voyez que ce nouveau dividende ne peut pas encore contenir le divifeur : mettez donc un zéro au quotient.

Il vous refte donc 2 ℔, qu'il faut réduire en fols. Multipliez-les par 20, le produit eft 40 ß : continuez votre divifion fuivant le même principe, & dites :

Première opération. Dans 40 ß, combien de fois 9 ? il s'y trouve quatre fois. Pofez 4 dans le quotient à la colonne des fols.

Seconde opération. Quatre fois 9 font 36.

Troifième opération. Oter 36 de 40, il refte 4 ß qu'il faut pofer.

De ces 4 ß qui vous reftent, faites-en des deniers, en les multipliant par 12. Le produit eft 48 deniers : continuez la divifion de ces deniers dans le même ordre.

Première opération. Dans 48, combien de fois 9 ? il s'y trouve cinq fois. Pofez 5 dans le quotient à la colonne des deniers.

Seconde opération. Cinq fois 9 font 45.

Troifième opération. Oter 45 de 48, il refte 3 deniers que vous pofez, lefquels ne peuvent fe divifer : ainfi votre règle eft faite, & chaque perfonne retire 8010 ℔ 4 ß 5 ᵈ.

LE CHEVALIER.

Je commence à comprendre, Monfieur, la raifon de ces

opérations. Il eſt vrai que j'étois embarraſſé, lorſqu'ayant deſcendu un chiffre, & le nouveau dividende ne pouvant contenir le diviſeur; j'étois embarraſſé, dis-je, ſur ce qu'il falloit faire alors. Mais je conçois parfaitement, que ſi ce chiffre deſcendu, joint à mon reſtant, ne peut contenir mon diviſeur, je dois poſer un chiffre dans le quotient qui exprime que le diviſeur n'eſt pas contenu dans le dividende; & je ne peux me ſervir dans cette occaſion que du zéro, puiſqu'il ne repréſente aucune valeur.

LE NÉGOCIANT.

Il n'eſt pas poſſible que les explications que je vous ai données n'aient commencé à développer vos idées ſur cette règle : mais, pour achever de vous en procurer l'intelligence, je vais vous faire voir, par des démonſtrations ſenſibles, la raiſon de vos opérations. Reprenons la définition de cette règle.

La diviſion eſt une règle dont l'opération conſiſte à partager une ſomme donnée en autant de parties qu'un nombre, appellé diviſeur ou partiteur, contient d'unités en lui-même : d'où il s'enſuit que le quotient, ou nombre réſultant de l'opération, repréſente une valeur qui eſt contenue dans la ſomme donnée autant de fois que l'unité eſt contenue dans ce même diviſeur.

Or, ſi le quotient, ou nombre trouvé par l'opération, eſt contenu dans la ſomme donnée ou le dividende autant de fois que le diviſeur contient d'unités en lui-même; il s'enſuit donc de-là que le diviſeur eſt également contenu dans le dividende autant de fois que le quotient, ou nombre trouvé par l'opération, contient auſſi d'unités en lui-même.

Si le quotient eſt un nombre qui ſoit contenu dans le dividende autant de fois que le diviſeur contient d'unités en lui-même; il faut donc, pour avoir ce nombre, chercher combien de fois une certaine valeur du dividende peut contenir les unités qui expriment le diviſeur. Je dis une certaine valeur du dividende, parce qu'on ne prend pas à la fois, comme vous l'avez vu, tous les chiffres qui compoſent

pofent le dividende, pour chercher le nombre de fois qu'ils
contiennent le divifeur ; mais qu'au contraire, dans tel cas
que ce foit, on ne prend jamais que la quantité qui peut
contenir le divifeur depuis 1 jufqu'à 9 fois. Ainfi, dans le
premier exemple, ayant 8582 ℔ à partager entre 7 perfonnes, je ne dis pas tout de fuite, Dans 8582, combien
de fois 7 ? ou dans 85, combien de fois 7 ? je dis feulement,
Dans 8, combien de fois 7 ? parce que cette valeur du dividende fuffit pour contenir les unités qui expriment mon
divifeur. Mais, fi cette valeur n'eût pu le contenir, &
qu'au lieu d'un 8 ce premier chiffre eût été un 6, j'aurois
dit alors, En 65, combien de fois 8 ? Ce n'eft pas encore
tout : il faut vous rendre raifon de ce chiffre que vous
defcendez, lequel, joint à votre reftant, fait un nouveau
dividende.

Du principe que nous avons établi, que le quotient eft
un nombre qui eft contenu dans le dividende, autant de
fois que le divifeur contient d'unités en lui-même ; pour
avoir ce quotient, il s'enfuit donc que le divifeur doit parcourir tous les chiffres qui compofent le dividende : &
c'eft pour cette raifon, qu'après avoir trouvé ce divifeur
un certain nombre de fois, dans le premier ou dans les
deux premiers chiffres du dividende, on defcend le chiffre
fuivant, pour, avec ce qui peut refter de la troifième opération, qui eft une fouftraction, former un nouveau dividende, dans lequel on cherche encore ce divifeur : action
qui fe réitère jufqu'à la fin de la règle, comme vous l'avez
vu dans les deux exemples que je vous ai donnés.

Il faut donc vous développer la manière dont le divifeur
parcourt un ou plufieurs chiffres du dividende. Vous
avez 8582 à divifer par 7 ; vous dites donc, Dans 8, combien de fois 7 ? Il eft fous-entendu que vous cherchez, par
cette opération, combien de fois 7 font contenus dans
8582, puifqu'il faut fuppofer vos chiffres placés dans l'ordre fuivant :

$$\dfrac{8582}{7}\Big\}1226$$

$$1500$$
$$7$$
$$180$$
$$7$$
$$42$$
$$7$$

Ayant trouvé le diviſeur 7 contenu une fois dans le dividende 8000; &, après avoir multiplié & souſtrait, comme je vous l'ai enſeigné, il vous reſte 1 mille; votre diviſeur, après avoir parcouru les milles, doit également parcourir les centaines de livres: vous deſcendez donc le 5 qui eſt à la colomne des centaines, & ce nouveau dividende eſt de 1500.

Votre diviſeur 7, placé ſous le 5, eſt contenu deux fois dans 1500; &, après les deux opérations faites, vous avez un cent de reſte.

Votre diviſeur, après avoir parcouru les centaines de livres, doit également parcourir les dixaines; vous deſcendez donc le 8 qui eſt à la colomne des dixaines, & ce nouveau dividende eſt de 18 dixaines ou 180.

Votre diviſeur 7, placé ſous le 8, eſt contenu deux fois dans 180; &, après les deux opérations faites, vous avez quatre dixaines de reſte.

Enfin, votre diviſeur, après avoir parcouru les dixaines de livres, doit également parcourir les unités; vous deſcendez donc le 2 de la colomne des unités, & ce nouveau dividende eſt de 42.

Votre diviſeur 7, placé ſous le 2, eſt contenu ſix fois dans 42; après les deux opérations faites, il ne vous reſte rien, & votre règle eſt finie.

Le nombre réſultant de l'opération, ou le quotient, qui eſt de 1226, vous repréſente que votre diviſeur, ayant parcouru chacun des chiffres du dividende, par l'action de ce chiffre deſcendu à chaque nouvelle opération, vous avez

trouvé premièrement qu'il y étoit contenu 1000 fois, fe-
condement 200 fois, troifièmement 20 fois, & quatriè-
mement 6 fois. Sur quoi voici deux obfervations effen-
tielles.

La première, eft que le quotient doit exprimer, par le
nombre de chiffres qu'il contient, la quantité de fois que
le divifeur a parcouru le dividende : ainfi, dans l'opération
ci-deffus, votre divifeur ayant parcouru 4 fois le dividende, vous avez donc trouvé 4 chiffres au quotient ; le premier defquels a été produit par l'opération fur le premier
dividende, c'eft-à-dire, fur la fomme dans laquelle on l'a
cherché pour la première fois ; & les trois autres, par chacun des chiffres que vous avez defcendus l'un après l'autre,
pour former de nouveaux dividendes : Ce qui eft invaria-
ble dans tel cas que l'on puiffe imaginer ; puifque le divifeur, fi grand ou fi petit qu'il puiffe être, étant contenu
dans le premier dividende, & donnant par cette raifon un
chiffre au quotient, il doit donc y avoir à la fuite de ce
chiffre autant d'autres chiffres que l'on en a defcendus du
premier dividende ; parce que cette action forme autant
de nouvelles fommes à divifer, qui, étant parcourues chacune, l'une après l'autre, par le divifeur, doivent également
produire à chaque opération une valeur dans le quotient,
que l'on exprime par le chiffre qui la défigne.

La feconde, eft qu'ayant pofé dans le quotient le chiffre
qui exprime la quantité de fois que le divifeur eft contenu
dans le dividende, & le produit de ce divifeur étant multiplié par le quotient, & fouftrait de ce premier dividende, il ne doit jamais refter de cette opération une fomme,
ni plus confidérable, ni égale à ce même divifeur : fi cela
fe trouvoit ainfi, ce feroit une preuve que le chiffre du
quotient, exprimant la quantité de fois que le dividende
contient le divifeur, eft trop foible ; puifqu'il refteroit une
fomme capable de le contenir une ou plufieurs fois de
plus : Ce qui eft égal à l'égard de chacun des autres dividendes, puifqu'étant également parcourus par le divifeur,
le chiffre placé dans le quotient doit de même exprimer
la quantité de fois que chacun d'eux contient ce divifeur ;

M ij

& le reſtant doit être toujours inférieur à ce même diviſeur.

Le Chevalier.

Je voudrois ſçavoir, Monſieur, ſi l'on peut appliquer
tout ce que vous venez d'avoir la bonté de me dire ſur
une ſomme à diviſer, dont le diviſeur ſeroit de pluſieurs
chiffres.

Le Négociant.

Il n'y a pas de doute. Qu'importe que le diviſeur ſoit
compoſé d'un ou de pluſieurs chiffres? La multiplicité des
figures ne détruit pas les principes ſur leſquels ſont fondées les opérations : &, pour vous en convaincre, en voici
une où le diviſeur eſt de deux figures.

On propoſe, par exemple, de diviſer 14723 ℔ entre 81
perſonnes.

$$\begin{array}{ll} \dfrac{14723\ ℔}{662} & \left\{ \begin{array}{l} 81 \\ 181\ ℔\ 15\ ß\ 3^{d} \end{array} \right. \\ \quad 143 & \\ \quad\ 62 & \\ \quad\ \ 20 & \\ \overline{\quad 1240} & \\ \quad\ 430 & \\ \quad\ \ 25 & \\ \quad\ \ 12 & \\ \overline{\quad\ 300} & \\ \quad\ \ 57 & \end{array}$$

Je dis, pour la première opération, Dans 14, combien
de fois 8 ? Il s'y trouve 1 fois, que je poſe dans le quotient.

Qu'eſt-ce que cette première opération ſous-entend ? ſinon de chercher combien de fois 81 ſont contenus dans
147 cens, parce qu'étant obligé de prendre trois chiffres
du dividende pour contenir les deux du diviſeur, celui qui
me viendra par cette première opération ne peut expri-

mer que des centaines, puifque, n'ayant plus que 2 chiffres à defcendre, ce quotient ne fera donc compofé que de trois figures, qui exprimeront le nombre de fois que le divi-feur doit parcourir le dividende.

La feconde opération eft de multiplier le divifeur par le quotient : ainfi, il fembleroit que l'on devroit dire une fois 81 eft 81. Mais, lorfque le divifeur eft compofé de plufieurs figures, on multiplie la première fuivant l'ordre ordinaire de la multiplication ; on fouftrait fon produit du dividende par la troifième opération ; après quoi, on revient à la feconde figure du divifeur, que l'on multiplie, & dont on fouftrait également le produit du dividende : multipli-cations & fouftractions qui fe répètent à chacune des figu-res qui compofent le divifeur ; de façon que, s'il étoit de 3, de 4, de 6 chiffres, &c. ce feroit 3 ou 4 ou 6, &c. multi-plications & fouftractions qu'il faudroit faire.

Je dis donc, pour la feconde opération, Une fois 1 eft 1. pour la troifième, je dis, Oter 1 de 7, il refte 6 que je po-fe. Je reprends la feconde opération pour la feconde figure du divifeur, & je dis, Une fois 8 eft 8.

Pour la troifième opération, je dis, Oter 8 de 14, il refte 6 que je pofe.

Je defcends un chiffre à côté du reftant 66 ; lequel, com-me vous voyez, eft inférieur au divifeur. Ce nouveau divi-dende eft de 662.

Je dis, pour la première opération, Dans 66, combien de fois 8 ? ce qui fous-entend chercher combien de fois 81 font contenus dans 662 ou 66 cens. Il s'y trouve 8 fois, que je pofe dans le quotient.

Je dis, pour la feconde opération, 8 fois 1 eft 8. Pour la troifième opération, je dis, Oter 8 de 2, cela ne fe peut : j'emprunte une dixaine fur le chiffre fuivant ; laquelle avec ce 2 fait 12, defquels ôtant 8, il refte 4 que je pofe.

Je reprends la feconde opération pour la feconde figure du divifeur, & je dis, 8 fois 8 font 64, auxquels ajoutant cette dixaine que j'ai empruntée pour acquitter le produit de la première figure, cela fait 65 ; lefquels ôtés de 66, il refte

1 que je pose. Sur quoi vous devez remarquer que la raison pour laquelle je charge la colomne suivante de l'emprunt que j'ai fait, c'est que, laissant subsister dans toute sa valeur le chiffre sur lequel j'ai emprunté, il suffit d'augmenter le produit qui doit être soustrait du dividende de ce dont on devoit diminuer le chiffre ou les chiffres de ce même dividende; ce qui revient à la même chose : ainsi, l'on peut donc emprunter, lorsqu'il est nécessaire, tout ce dont on a besoin, en observant de charger toujours le produit de la colomne suivante de cet emprunt, en laissant au nombre sur lequel on a emprunté la valeur qu'il représentoit avant cet emprunt.

Je descends le dernier chiffre à côté du restant 14 : & ce nouveau dividende est de 143.

Je dis, pour la première opération, Dans 14, combien de fois 8 ? il s'y trouve 1 fois, que je pose dans le quotient.

Je dis, pour la seconde opération, 1 fois 1 est 1.

Pour la troisième opération, je dis, Oter 1 de 3, il reste 2, que je pose.

Je reprends la seconde opération pour la seconde figure, & je dis, 1 fois 8 est 8.

Pour la troisième opération, je dis, Oter 8 de 14, il reste 6 que je pose.

Ce dernier restant est donc 62, somme semblable à celle que j'aurois trouvée, si j'eusse soustrait 81 de 143, suivant la méthode ordinaire : car, selon ce que je vous ai fait remarquer, chercher combien de fois le premier chiffre du diviseur est contenu dans le premier ou les deux premiers chiffres du dividende, sous-entend chercher combien de fois le diviseur entier , c'est-à-dire la quantité d'unités qu'il contient, est contenue dans le dividende. Ainsi, dans la première opération de cette division, j'ai dit, Dans 14, combien de fois 8 ? Je l'ai trouvé 1 fois. C'est comme si j'avois dit, 81 étant contenu une fois dans 147, voyons ce qui doit rester ? & qu'après avoir fait la soustraction, comme dans l'exemple X, il me restât 66.

Ce chiffre descendu, qui, avec le restant, fait un nouveau

dividende, dont la fomme eft 662, doit donc être divifé par 81 : ainfi je dis, Dans 66, combien de fois 8 ? il s'y trouve 8 fois. C'eft comme fi je difois, Dans 662, il y a 8 fois 81 : or, multipliant 81 par 8, il me vient 648, lefquels fouftraits, fuivant la méthode ordinaire, de 662, il refte 14.

$$\begin{array}{r} \text{X} \\ 1\ 4\ 7\ |2\ 3\{\ 1\ 8\ 1 \\ 8\ 1 \\ \hline 6\ 6\ 2 \\ 6\ 4\ 8 \\ \hline 1\ 4\ 3 \\ 8\ 1 \\ \hline 6\ 2 \end{array}$$

Enfin, ce dernier chiffre defcendu, qui, avec le reftant, fait un nouveau dividende, dont la fomme eft 143, doit donc être divifée par 81. Ainfi, je dis, Dans 14, combien de fois 8 ? il s'y trouve une fois. C'eft comme fi je difois, Dans 143, il y a une fois 81, lefquels fouftraits de 143, il refte 62.

Ce que vous devez conclure de cette nouvelle démonftration, c'eft que, multipliant & fouftrayant l'un après l'autre chacun des chiffres du divifeur de la fomme du premier dividende, & enfuite de ceux que vous formez en defcendant un chiffre, vous faites une opération femblable à celle de multiplier en une feule fois le divifeur par le chiffre que vous avez mis dans le quotient, & en fouftraire le produit du dividende dans lequel vous l'avez cherché ; comme vous voyez dans chacune des opérations de l'exemple ci-deffus, où, ayant 81 une ou plufieurs fois dans chacun des dividendes, j'ai multiplié 81 par ce chiffre placé dans le quotient, qui exprime ce plus ou moins de fois qu'il étoit contenu dans ces dividendes, & j'en ai fouftrait le produit des mêmes dividendes où je l'ai cherché. Mais revenons maintenant à la réduction du dernier reftant en fols, & finiffons cette divifion.

Il me refte donc 62 ℔, lefquelles, réduites en fols, me donnent un produit de 1240 fols, fur lequel je réitère les mêmes opérations que j'ai faites fur les livres.

Je dis donc, Dans 12, combien de fois 8 ? il y eft une fois que je pofe.

Pour la feconde opération, je dis 1 fois 1 eft 1.

Pour la troifième opération, je dis, Oter 1 de 4, il refte 3 que je pofe.

Je reprends enfuite la feconde opération pour la feconde figure du divifeur, & je dis, 1 fois 8 eft 8.

Pour la troifième opération, je dis, Oter 8 de 12, il refte 4 que je pofe.

Vous comprenez que, fuivant ce que je viens de vous dire, cette opération revient à dire, Dans 124 ß, combien de fois 81 ? il y eft une fois ; & que, fouftrayant 81 de 124, fuivant la méthode ordinaire, il doit refter 43, comme vous voyez dans l'exemple A.

Je defcends le zéro à côté du reftant 43 ; & ce nouveau dividende eft de 430.

Je dis, pour la première opération, dans 43 combien de fois 8 ? Il y eft 5 fois, que je pofe.

Pour la feconde opération, je dis, 5 fois 1 eft 5.

$$\begin{array}{r} \text{A} \\ 1240 \text{ ß} \\ 81 \\ \hline 430 \\ 405 \\ \hline 25 \end{array} \Big\} 15 \text{ ß}$$

Pour la troifième opération, je dis, Oter 5 de 0, cela ne fe peut. J'emprunte fur le chiffre fuivant une dixaine, qui, avec le zéro, fait toujours 10 ; defquels ôtant 5, il refte 5 que je pofe.

Je reprends enfuite la feconde opération pour la feconde figure du divifeur, & je dis, cinq fois 8 font 40, & 1 que j'ai emprunté font 41.

Pour la troifième opération, je dis, Oter 41 de 43, il refte 2 que je pofe.

Cette opération fous-entend chercher combien de fois 81 eft contenu dans 430. Il y eft 5 fois ; or, 5 fois 81 font 405 ; lefquels fouftraits, par la méthode ordinaire, de 430, il refte 25, comme vous voyez dans l'exemple A ci-deffus.

Il me refte donc 25 ß ; lefquels, réduits en deniers, me donnent un produit de 300 ᵈ, fur lequel je réitère toujours les mêmes opérations.

Je dis donc, Dans 30, combien de fois 8 ? il y eft 3 fois que je pofe.

Pour

Pour la feconde opération, je dis, 3 fois 1 eft 3.

Pour la troifième opération, je dis, Oter 3 de zéro, cela ne fe peut : j'emprunte fur le nombre 30 une dixaine, qui avec le zéro fait toujours 10; defquels ôtant 3, il refte 7 que je pofe.

Je reprends enfuite la feconde opération pour la feconde figure du divifeur, & je dis, 3 fois 8 font 24, & 1 que j'ai emprunté, font 25.

Pour la troifième opération, je dis, Oter 25 de 30, il refte 5 que je pofe.

Cette dernière opération, ainfi que les autres, fous-entend chercher combien de fois 81 eft contenu dans 300. Il y eft 3 fois : or, 3 fois 81 font 243 ; lefquels, fouftraits de 300 par la méthode ordinaire, il refte 57, comme vous voyez dans l'exemple B : & la divifion eft achevée ; parce que, n'y ayant plus d'efpèce après les deniers dans lef- quelles on puiffe réduire ce reftant, il eft indi- vifible, & forme feulement une fraction de denier, qui fera porté à la preuve, comme je vous le ferai voir lorfque nous y ferons.

B
300 ᵈ
243   { 81
———   { 3 ᵈ
57

LE CHEVALIER.

Ces démonftrations, Monfieur, viennent de me donner une parfaite intelligence de la divifion : & , fi vous le jugez à propos, je vais en faire une devant vous, fur laquelle je raifonnerai conféquemment aux principes que vous venez d'avoir la bonté de me démontrer.

LE NÉGOCIANT.

Volontiers.

LE CHEVALIER.

Je me propofe de divifer 91700 ℔ à 19 perfonnes : le réfultat de l'opération eft de fçavoir ce que chaque perfonne doit avoir de ladite fomme.

$$
\begin{array}{r}
91700 \\ \hline 157 \\ 50 \\ 120 \\ 6 \\ 20 \\ \hline 120 \\ 6 \\ 12 \\ \hline 72 \\ 15
\end{array}
\left\{
\begin{array}{l}
19 \\
4826 \text{ ℔ } 6 \text{ ß } 3 \text{ ₰}
\end{array}
\right.
$$

Je dis, pour la première opération, Dans 9 ; combien de fois 1 ? il y eſt 9 fois. Mais, conſidérant que cette première opération ſous-entend chercher combien de fois 19 ſont contenus dans 91 ; je vois, du premier coup d'œil, qu'il eſt impoſſible de mettre dans le quotient un chiffre qui exprime que 1 eſt contenu 9 fois dans 9 ; puiſque 9 fois 19 excéderoient de beaucoup le nombre 91, dans lequel je cherche combien de fois 19 peuvent être contenus. Pour trouver donc combien de fois 1 eſt dans 9, c'eſt-à-dire, 19 dans 91, & voyant qu'il ne peut y être ni 8, ni 7, ni 6, ni 5 fois, parce que 8, ou 7, ou 6, ou 5 fois 19 ſont plus de 91 ; il y eſt donc 4 fois que je poſe dans le quotient.

L E   N É G O C I A N T.

Mais n'avez-vous pas de moyen plus court pour trouver le nombre de fois que le premier chiffre du diviſeur peut être dans le dividende, que celui de diminuer à différentes repriſes le chiffre que vous voulez mettre dans le quotient ?

L E   C H E V A L I E R.

Je ne vois pas bien quel moyen pourroit remédier à la longueur de cette recherche.

LE NÉGOCIANT.

En voici un. Vous fçavez que votre première opération fous-entend chercher combien de fois le divifeur entier, c'eft-à-dire le nombre qui forme fa valeur, eft contenu dans le dividende; mais, qu'au lieu d'agir ainfi, vous prenez feulement un ou deux chiffres du dividende, & vous dites alors, Dans tant, combien de fois le premier chiffre du divifeur? comme dans l'exemple précédent, vous avez dit, Dans 9, combien de fois 1? Or, fçachant que chacun des chiffres du divifeur doit être multiplié par le chiffre que vous avez mis dans le quotient, & que le produit de cette multiplication doit être fouftrait du dividende; il s'enfuit donc de-là qu'il fuffit de remarquer fi le dernier, ou les deux derniers chiffres de votre dividende, ont une valeur affez confidérable pour acquitter le produit du premier chiffre de votre divifeur, multiplié par le chiffre du quotient, & furchargé de ce que l'on auroit emprunté pour l'acquit du chiffre fuivant : ce qui fe voit, pour ainfi dire, d'un coup d'œil. En voici la preuve : Vous dites, dans la divifion précédente, Dans 9, combien de fois 1? Je vois que, fi je mets feulement 5 dans le quotient, 5 fois 9 font 45; que, pour acquitter ces 45, je ferai obligé d'emprunter 5, pour dire, Oter 45 de 51. Or, le premier chiffre du divifeur étant multiplié par ce 5, & furchargé de ces 5 que je viens d'emprunter, donne 10 pour produit; lefquels, ne pouvant être ôtés de 9, il s'enfuit donc de-là qu'au lieu de mettre 5 dans le produit, je ne dois y pofer qu'un 4. Ainfi concluez que, quand le dividende contient, comme dans cet exemple, le premier chiffre du divifeur le plus grand nombre de fois que l'on puiffe pofer dans le quotient qui eft 9, on doit toujours obferver de laiffer au dividende affez de valeur pour acquitter le produit de ce premier chiffre furchargé de l'emprunt à l'occafion du fuivant; & qu'on ne peut laiffer cette valeur au dividende qu'en mettant dans le quotient un chiffre bien inférieur, à la vérité, au nombre de fois que ce premier chiffre du divifeur eft contenu dans le dividende; mais qui exprime cependant combien de fois le diviseur en entier est réellement contenu dans le dividende ; observant toujours, comme je vous l'ai déjà dit, que le nombre restant de la division que vous faites par la troisième opération, doit être inférieur à celui qui exprime le diviseur : autrement, ce seroit une faute qu'il faudroit rectifier avant d'aller plus loin.

Vous comprenez encore que le chiffre qui suit le premier du diviseur, est celui qui détermine en quelque façon la valeur de celui qu'on doit mettre dans le quotient ; puisque, suivant la valeur qu'il exprime, étant multiplié par le chiffre du quotient, il formera un produit plus ou moins grand, qui exigera un emprunt plus ou moins considérable. De sorte que, dans l'exemple précédent, si, pour second chiffre du diviseur, vous eussiez eu un 2 ou un 4, au lieu d'un 9 ; le produit de ce 2 ou de ce 4, multiplié par le chiffre que vous auriez placé dans le quotient, auroit été moins considérable, par conséquent l'emprunt moins fort. Il s'ensuit donc que le premier chiffre du diviseur auroit été contenu un plus grand nombre de fois dans le dividende ; puisque, suivant ce que nous sous-entendons, il est clair que 12 ou 14 seront contenus un plus grand nombre de fois dans 91, que 19 : réflexion qui ne doit pas vous échapper, & que je m'imagine vous avoir développée avec assez de clarté, pour vous mettre à portée de trouver avec plus de facilité le chiffre qui exprimera la juste quantité de fois que le premier chiffre du diviseur sera contenu dans le dividende.

Le Chevalier.

Je conçois parfaitement, Monsieur, tout ce que vous venez d'avoir la bonté de me dire ; & l'application que j'en vais faire vous convaincra que ce n'est pas une trop bonne opinion de moi-même qui me persuade que je l'entends réellement. Trouvez bon que je continue la règle que j'ai commencée ci-devant. J'ai donc dit, pour la première opération, Dans 9, combien de fois 1 ? il y 4 fois, que j'ai posé dans le quotient.

Pour la seconde, je dis présentement, 4 fois 9 font 36.

Pour la troisième, ôter 36 de 41, il reste 5 que je pose.

Je reprends ensuite la seconde opération pour la seconde figure du diviseur; & je dis, 4 fois 1 est 4, & 4 que j'ai emprunté font 8; lesquels étant ôtés par la troisième opération de 9, il reste 1 que je pose.

Je descends le 7 à côté du restant 15; & ce nouveau dividende est de 157.

Je dis, pour la première opération, Dans 15, combien de fois 1 ? il ne peut y être 9 fois, puisque 9 fois 9 font 81; & que, pour acquitter ce produit, étant obligé d'emprunter 8, lorsqu'il ne me reste plus sur ces 15 que 6, pour payer cet emprunt, je suis donc obligé de diminuer & de dire, Il ne peut y être que 8 fois, que je pose dans le quotient.

Pour la seconde opération, je dis 8 fois 9 font 72.

Pour la troisième, Ôter 72 de 77, il reste 5 que je pose.

Je reprends ensuite la seconde opération pour la seconde figure du diviseur; & je dis, 8 fois 1 est 8, & 7 que j'ai emprunté font 15; lesquels, par la troisième opération, ôtés de 15, il reste zéro.

Je descends le zéro à côté du restant 5; & ce nouveau dividende est de 50.

Je dis, pour la première opération, Dans 5, combien de fois 1 ? Il ne peut y être ni 4 ni 3 fois; parce qu'étant obligé d'emprunter pour acquitter le produit de 9 multiplié par 4 ou par 3 dixaines, ce qui me reste du 5 n'est pas suffisant pour acquitter cet emprunt. Ainsi, je dis, Il n'y est que 2 fois, que je pose au quotient.

Pour la seconde opération, je dis, 2 fois 9 font 18.

Pour la troisième, Ôter 18 de 20, il reste 2 que je pose.

Je reprends ensuite la seconde opération pour la seconde figure du diviseur; & je dis, 2 fois 1 est 2, & 2 que j'ai emprunté font 4; lesquels, par la troisième opération, ôtés de 5, il reste 1 que je pose.

Je descends le dernier chiffre du premier dividende, qui est un zéro, à côté du restant 12; & ce nouveau dividende est de 120.

Pour la première opération, je dis, Dans 12, combien de

fois 1 ? Suivant les observations que vous m'avez fait faire, & que je cesse de répéter, il ne peut y être que 6 fois que je pose au quotient.

Pour la seconde opération, je dis, 6 fois 9 font 54.

Pour la troisième, Otez 54 de 60. il reste 6 que je pose.

Je reprends ensuite la seconde opération pour la seconde figure du diviseur; & je dis, 6 fois 1 est 6, & 6 que j'ai emprunté font 12; lesquels, par la troisième opération, ôtés de 12, il reste zéro.

Il me reste donc 6 ℔, lesquelles, réduites en sols, me donnent un produit de 120 sols, sur lesquels je réitère les mêmes opérations que je viens de faire sur les livres.

Je dis, pour la première opération, Dans 12, combien de fois 1 ? il ne peut y être que 6 fois, que je pose au quotient.

Pour la seconde opération, je dis, 6 fois 9 font 54.

Pour la troisième opération, Otez 54 de 60, il reste 6 que je pose.

Je reprends ensuite la seconde opération pour la seconde figure du diviseur; & je dis, 6 fois 1 est 6, & 6 que j'ai emprunté font 12; lesquels, par la troisième opération, ôtés de 12, il reste zéro.

Il me reste donc 6 sols, lesquels, réduits en deniers, me donnent un produit de 72 deniers, sur lequel je réitère toujours les mêmes opérations.

Je dis donc, Dans 7, combien de fois 1 ? il ne peut y être que 3 fois que je pose.

Pour la seconde opération, je dis, 3 fois 9 font 27.

Pour la troisième, Otez 27 de 32, il reste 5 que je pose.

Enfin, je reprends la seconde opération pour la seconde figure du diviseur; & je dis, 3 fois 1 est 3, & 3 que j'ai emprunté font 6; lesquels, par la troisième opération, ôtés de 7, il reste 1 que pose. De sorte qu'il me reste donc 15 deniers indivisibles; &, ma règle achevée, je vois que chaque personne doit retirer 4826 ℔ 6 ß 3 ᵈ.

LE NÉGOCIANT.

Je vous crois préfentement en état de faire telle divifion que l'on pourroit vous propofer. Il paroît que vous entendez les principes des opérations par lefquelles cette règle s'exécute : ainfi, nous pouvons paffer à quelque chofe de nouveau.

LE CHEVALIER.

Trouvez bon, Monfieur, que je vous propofe encore quelques difficultés qui pourroient m'arrêter. Suppofons, par exemple, qu'on me propofât de divifer 379090 ℔ à 609 perfonnes : ce zéro, placé entre deux chiffres qui ont une valeur, n'apporteroit-il pas quelque différence dans les principes de cette régle, ou tout au moins dans le méchanifme de fes opérations?

LE NÉGOCIANT.

Aucune; puifqu'il eft décidé que de divifer une fomme par une autre, c'eft chercher combien de fois une fomme inférieure eft contenue dans une qui lui eft fupérieure. Or, divifer 379090 ℔ par 609 perfonnes, c'eft chercher combien de fois ce dernier nombre eft contenu dans le premier. Qu'importe donc qu'il y ait un ou plufieurs zéros mélés avec les chiffres fignificatifs du divifeur? Ils augmentent feulement la valeur de ceux-ci; mais ils n'apportent aucun changement dans les principes de la divifion, non plus que dans le méchanifme de fes opérations. C'eft ce que vous allez voir, en fuivant les opérations de celle-ci.

$$
\begin{array}{r}
379090 \\
\hline
1369 \\
1510 \\
292 \\
20 \\
\hline
5840 \\
359 \\
12 \\
\hline
4308 \\
45
\end{array}
\quad
\left\{
\begin{array}{l}
609 \\
622\ \text{lb}\ 9\ \text{ß}\ 7\ \text{đ}
\end{array}
\right.
$$

Pour la première opération, je dis, Dans 37, combien de fois 6 ? il y est 6 fois : & je vois qu'effectivement je peux mettre ce 6 dans le quotient, puisqu'ayant un zéro pour second chiffre, cette figure n'étant susceptible ni d'augmentation ni de diminution, je n'aurai rien à emprunter pour acquitter le produit qu'elle me donnera par la multiplication que j'en ferai. Par conséquent, ce qui est de surplus que 36 dans le dividende 37, restera lors de la soustraction de ce même nombre 36, pour, avec le chiffre que je descendrai, former un nouveau dividende. Ainsi, je dis donc, Dans 37, combien de fois 6 ? il y est 6 fois que je pose.

Pour la seconde opération, je dis, 6 fois 9 font 54.

Pour la troisième opération, je dis, Oter 54 de 60, parce que le quatrième chiffre de mon dividende répond à ce 9, troisième chiffre du diviseur; puisque je sous-entend chercher, par cette opération, combien de fois 609 font contenus dans 3790. Je dis donc, Oter 54 de 60, il reste 6 que je pose.

Je reprends la seconde opération pour le second chiffre du diviseur; & voici la difficulté. Je dis donc 6 fois 0 est 0. Mais, comme l'usage est de charger le chiffre suivant de ce que l'on a emprunté pour l'acquit du précédent, il faut charger le produit de 0 de 6 que j'ai emprunté : ainsi 6 fois 0 est 0, & 6 que j'ai emprunté font 6; lesquels, par la troisième opération, ôtés de 9, il reste 3 que je pose.

Je

Je reprends la feconde opération pour le troifième chiffre du divifeur; & je dis, 6 fois 6 font 36. Comme je n'ai rien emprunté pour l'acquit du chiffre précédent, je dis, par la troifième opération, Oter 36 de 37, il refte 1 que je pofe.

Je defcends le 9 à côté du reftant 136; & ce nouveau dividende eft de 1369.

J'opère fur ce nouveau dividende comme précédemment; obfervant toujours, en reprenant la feconde opération pour le fecond chiffre du divifeur, qui eft 0, d'en charger le produit, de ce qui a été emprunté pour l'acquit du chiffre précédent. Il me vient au quotient 2, que je pofe: & il refte 151, qui, joints avec 0, dernier chiffre du dividende que je defcends à côté de ce reftant, forment un nouveau dividende qui eft 1510.

En opérant encore fur ce nouveau dividende fuivant les principes, il vient au quotient 2: & il me refte 292 ℔; lefquelles, réduites en fols, me donnent un produit de 5840 ß.

Je continue fur ce produit les mêmes opérations. Il vient 9 fols que je pofe au quotient: & le reftant eft de 359 fols; lefquels, réduits en deniers, donnent un produit de 4308 deniers.

Je divife ce dernier produit fuivant le même ordre. Il me vient au quotient 7 deniers, & il refte 45 ᵈ qui font indivifibles.

L'opération faite ainfi, je trouve que chaque perfonne retire 622 ℔ 9 ß 7 ᵈ.

Vous voyez donc à préfent que les zéros qui fe rencontrent au divifeur n'apportent aucune différence dans la façon d'opérer : ainfi, je crois que cet exemple eft fuffifant pour achever de vous donner l'intelligence de la divifion, & prévenir en même temps les difficultés qui pourroient fe rencontrer, ou plutôt que vous pourriez imaginer, lorfqu'il fe trouveroit au divifeur ou au dividende des nombres entrecoupés de zéros.

LE CHEVALIER.

Vous venez, Monfieur, de lever toutes mes difficultés

par cette dernière division. Je crois entendre cette règle
assez bien pour résoudre présentement toutes celles que
l'on pourroit me proposer : trouvez l'on que j'en fasse une
devant vous, pour justifier ce que j'avance. Je suppose
avoir 1010101 ℔ à diviser entre 1011 personnes ; je
veux sçavoir ce qu'elles retireront chacune de ladite
somme.

$$
\begin{array}{l}
\underline{1010101}\ \Big\{ \begin{array}{l} 1011 \\ 999\ ℔\ 2\ ß\ 2\ ♎ \end{array} \\
10020 \\
\quad 9211 \\
\quad 112 \\
\qquad 20 \\
\overline{\quad 2240} \\
\quad 218 \\
\qquad 12 \\
\overline{\quad 2616} \\
\qquad 594
\end{array}
$$

Voyant que les quatre premiers chiffres de mon dividende ne peuvent pas contenir les quatre chiffres de mon diviseur, parce que 1010, qui sont ces quatre premiers du
dividende, sont inférieurs à 1011 qui sont ceux du diviseur;
je prends donc cinq chiffres du dividende, qui sont 10101;
& je dis, Dans 10, combien de fois 1 ? il y est 9 fois que je
pose au quotient.

Pour la seconde opération, je dis, 9 fois 1 (quatrième
chiffre de mon diviseur) est 9 ; lequel ôté par la troisième
opération de 11, il reste 2 que je pose.

Je reprends la seconde opération pour le troisième chiffre du diviseur ; & je dis, 9 1 est 9, & 1 que j'ai emprunté
font 10 ; lesquels, ôtés par la troisième opération de 10, il
reste 0.

Je reprends la seconde opération pour le second chiffre
du diviseur ; & je dis, 9 fois 0 est 0, & 1 que j'ai emprunté
est 1 ; lequel, ôté par la troisième opération de 1, il reste
zéro.

Enfin, je reprends la feconde opération pour le premier chiffre du divifeur; & je dis, 9 fois 1 eft 9; lequel, par la troifième opération ôté de 10, il refte 1 que je pofe.

Je defcends un chiffre, qui eft 0, à côté du reftant 1002; & ce nouveau dividende eft de 10020.

J'opère fur ce nouveau dividende comme j'ai fait fur le premier : je trouve au quotient 9, & il me refte 921.

Je defcends un chiffre, qui eft 1, à côté de ce reftant; & j'ai pour nouveau dividende 9211.

J'opère encore comme j'ai fait ci-devant : il me vient au quotient 9, & il me refte 112 ℔.

Je réduis ces livres en fols: le produit eft 2240 fols.

Je continue les mêmes opérations. Je trouve 2 fols, que je pofe au quotient; & il me refte 218 ß, que je réduis en deniers, dont le produit eft de 2616 deniers, que je divife fuivant le même ordre.

Je trouve au quotient 2 deniers : & il refte 594 deniers, nombre indivifible entre 1011 perfonnes, & qu'il faut négliger.

La règle ainfi faite, je vois que chaque perfonne doit retirer 999 ℔ 2 ß 2 ᵈ.

LE NÉGOCIANT.

Je vois avec fatisfaction que vous comprenez fort bien la divifion, & que je peux préfentement vous entretenir d'autre chofe.

LE CHEVALIER.

Il eft vrai, Monfieur, que je l'entends : mais je vous prie de me dire comment on peut s'affurer que l'on ait opéré avec juftefse.

LE NÉGOCIANT.

C'eft ce qui me refte à vous dire pour terminer notre entretien. Je ne vous ai point parlé de la preuve de la multiplication, en vous donnant l'intelligence de cette règle, parce qu'elle fe prouve ordinairement par la divifion. On peut cependant la prouver par une autre multiplication, que l'on appelle preuve de comparaifon, laquelle s'exécute en prenant la moitié de la quantité des choses, & doublant le prix de la chose ; ou, si vous l'entendez mieux, en prenant la moitié du multiplicande, & doublant le multiplicateur. Vous sentez que le produit de cette règle doit être semblable à celui duquel il est la preuve, parce que 4 aunes à 6 ℔ l'aune font 24 ℔, comme 2 aunes à 12 ℔ l'aune font également 24 ℔. Un exemple suffira pour vous faire entendre cette preuve.

PREUVE DE COMPARAISON.

RÈGLE.	PREUVE.
2 4|6 aunes	1 2 3 aunes
à.. 2 8 ℔ 1 3 ß 9 ♊	à. 5 7 ℔ 7 ß 6 ♊
—	—
1 9 6 8	8 6 1
4 9 2	6 1 5
1 2 3	30 1 5
2 4 1 2	12 6
1 2 6	3 1 6
6 3	—
3 1 6	7 0 5 7 2 6
—	
7 0 5 7 2 6	

Indépendamment de cette preuve, il y en a encore une autre par la division. Vous comprenez que le produit 7057 ℔ 2 ß 6 ♊ étant le résultat de l'augmentation de 28 ℔ 13 ß 9 ♊ par 246 ; il s'enfuit que, divisant ce produit 7057 ℔ 2 ß 6 ♊ par 246, il viendra au quotient 28 ℔ 13 ß 9 ♊ ; ou que, divisant ce même produit par 28 ℔ 13 ß 9 ♊, il viendra au quotient 246 : ce qui fait deux moyens par lesquels on peut s'assurer de la justesse de son opération. Comme chacune de ces divisions est susceptible de quelques observations, je vais vous les faire remarquer, en faisant la règle.

PREMIERE PREUVE de la Multiplication par la Division.

Premièrement, en divisant 7057 ℔ 2 ß 6 ᵈ par 246, il doit venir pour quotient 28 ℔ 13 ß 9 ᵈ sans reste,

```
7057  ℔ 2 ß 6 ᵈ  ⎰ 246
──────────────   ⎱ 28 ℔ 13 ß 9 ᵈ
2137
 169
  20
────
3382
 922
 184
  12
────
2214
 000
```

Remarquez qu'ayant des fols & deniers à la fuite du dividende, il faut ajouter ces fols au produit qui réfulte de la réduction du reftant de vos livres en fols : ainfi, ayant 2 fols, vous les ajoutez à ce produit, en les pofant à la place qu'auroit occupé le o dans ce même produit : &, lorfque vous réduifez le reftant des fols en deniers, vous faites également entrer les 6 deniers qui font à la fuite des fols du dividende.

SECONDE PREUVE de la Multiplication par la Division.

Secondement, en divifant 7057 ℔ 2 ß 6 ᵈ par 28 ℔ 13 ß 9 ᵈ, il doit venir pour quotient 246, fans refte.

RÉDUCTION DU DIVISEUR.	RÉDUCTION DU DIVIDENDE.

```
28  ℔ 13 ß 9 ᵈ          7057 ℔ 2 ß 6 ᵈ
   20                      20
 ────                    ──────
  573                    141142
   12                        12  ⎰ 6885
 ────                    ──────  ⎱ 246
 6885                    1693710
                          31671
                          41310
                          0000
```

Remarquez qu'ayant des fols & deniers à la fuite du divifeur, il faut néceffairement réduire le divifeur & le dividende en fols & deniers, obfervant de faire entrer à la
réduction de chacun de ces nombres les fols & deniers qui
font à leur fuite.

PREUVE DE LA DIVISION.

Quant à la divifion, cette règle fe prouve par la multiplication. La précédente nous fervira d'exemple. Vous avez
divifé 1010101 par 1011 : le quotient eft 999 ℔ 2 ß 2 ♌ ;
& il refte au bas de ladite règle 594 deniers indivifibles.
Si le divifeur 1011 eft contenu 999 fois dans le nombre
qui compofe le dividende des livres, 2 fois dans celui qui
compofe le dividende des fols, 2 fois dans celui qui compofe le dividende des deniers : il s'enfuit qu'en multipliant
ce divifeur 1011 par 999 ℔ 2 ß 2 ♌ ; & ajoutant, avant
d'additionner, les deniers reftans de votre divifion, defquels
vous ferez des fols en prenant le douzième, & enfuite des
livres en prenant le vingtième, ou opérant comme pour
1 fol en retranchant la dernière figure, ainfi que je vous
l'ai démontré aux multiplications précédentes, vous aurez, dis-je, pour produit, la fomme de votre premier dividende. Ce qui eft facile à concevoir ; puifque, fi l'objet
de la divifion eft de partager une fomme en un certain nombre de parties égales, celui de la multiplication eft d'augmenter ces parties autant de fois que le nombre qui les a
produites contient d'unités en lui-même : de forte que, fi 24
divifés par 6 donnent 4 pour quotient, 4 multipliés par 6
donnent 24 pour produit : &, par la même raifon, fi 1010101
divifés par 1011 donnent 999 ℔ 2 ß 2 ♌ pour quotient,
999 ℔ 2 ß 2 ♌ multipliés par 1011, plus le reftant, don-
neront pour produit 1010101 : ce que vous allez voir par
l'opération.

Restant.

```
  1 0 1 | 1
      9 9 9 ℔ 2 ß 2 ₰
  ─────────────────────
      9 0 9 9
      9 0 9 9
    9 0 9 9
          1 0 1   2
            8   8   6
Restant....   2   9   6
  ─────────────────────
  1 0 1 0 1 0 1
```

Prenez, pour avoir des fols, le douzième.　5 9 4 ₰

Pour avoir des li-vres, le vingtième...　4|9 ß 6 ₰
────────
2 ℔ 9 ß 6 ₰

Faux produit d'un fol.

50 ℔ 11 ß
────────
Pour 2 d. le 6ᵐ.　8　6 ₰

Je crois que ces exemples suffisent pour vous mettre en état de prouver toutes vos opérations. Ce que je vous dirois présentement, à cet égard, ne pourroit être qu'une répétition de ce que je viens de vous expliquer : ainsi, il est inutile de chercher à éclaircir une matière que vous devez certainement entendre aussi bien que moi.

LE CHEVALIER.

Il est vrai, Monsieur, que vos explications, & les différens exemples que vous m'avez donnés, m'ont mis dans le cas de ne plus imaginer aucune difficulté dans l'opération des quatre règles, que je ne puisse résoudre avec facilité & même avec intelligence.

LE NÉGOCIANT.

Tant mieux, puisque ces quatre règles sont le fondement & la base de l'Arithmétique, ou plutôt l'Arithmétique même. Il n'est plus question que d'en faire les applications sur les différens objets relatifs à la finance, au commerce & à la banque : c'est ce que nous ferons par la suite. Mais, comme ces applications sous-entendent des rapports & des proportions desquels je ne vous ai point encore parlé, j'en ferai la matière de notre premier entretien : & c'est ce qui achèvera de vous donner l'intelligence d'une science dont la parfaite théorie vous est aussi essentielle que la pratique.

FIN.

APPROBATION.

J'AI examiné, par ordre de monseigneur le Chancelier, un manuscrit intitulé *l'Arithmétique de la Noblesse commerçante*, ou *Entretiens d'un Négociant & d'un jeune Gentilhomme sur l'Arithmétique*, appliquée aux affaires de commerce, de banque & de finance ; & je crois que l'impression en sera utile au public. A Paris, ce 8 mars 1760.

Signé, DE PARCIEUX.

PRIVILÉGE DU ROI.

LOUIS, PAR LA GRACE DE DIEU, ROI DE FRANCE ET DE NAVARRE ; à nos amés & féaux Conseillers les Gens tenans nos cours de Parlement, Maitrés des Requétes ordinaires de notre Hôtel, Grand-Conseil, Prevôt de Paris, Baillifs, Sénéchaux, leurs Lieutenans Civils & autres nos Justiciers qu'il appartiendra ; SALUT : notre amé le sieur D'AUTREPE nous a fait exposer qu'il desireroit faire imprimer & donner au public un ouvrage qui a pour titre l'*Arithmétique de la Noblesse commerçante*, s'il Nous plaisoit lui accorder nos lettres de permission pour ce nécessaires. A CES CAUSES, voulant favorablement traiter l'exposant, Nous lui avons permis & permettons par ces présentes de faire imprimer le dit ouvrage autant de fois que bon lui semblera, & de le faire vendre & débiter par tout notre royaume, pendant le temps de trois années consécutives, à compter du jour de la date des présentes. Faisons défenses à tous Imprimeurs, Libraires & autres personnes de quelque qualité & condition qu'elles soient d'en introduire d'impression étrangère dans aucun lieu de notre obéissance. A la charge que ces Présentes seront enregistrées tout au long sur le registre de la Communauté des Imprimeurs & Libraires de Paris, dans trois mois de la date d'icelles ; que l'impression dudit ouvrage sera faite dans notre Royaume & non ailleurs, en bon papier & beaux caractères, conformément à la feuille imprimée attachée pour modèle sous le contrescel des présentes ; que l'impétrant se conformera en tout aux réglemens de la Librairie, & notamment à celui du 10 avril 1725 ; qu'avant de l'exposer en vente, le manuscrit qui aura servi de copie à l'impression dudit ouvrage sera remis, dans le même état où l'approbation y aura été donnée, és mains de notre très-cher & féal Chevalier, Chancelier de France, le sieur DE LAMOIGNON ; & qu'il en sera ensuite remis deux exemplaires dans notre Bibliothéque publique, un dans celle de notre Château du Louvre, & un dans celle de notredit très-cher & féal Chevalier, Chancelier de France, le sieur DE LAMOIGNON ; le tout à peine de nullité des présentes. Du contenu desquelles vous mandons & enjoignons de faire jouir ledit exposant & ses ayant causes, pleinement & paisiblement, sans souffrir qu'il leur soit fait aucun trouble ou empêchement. Voulons qu'à la copie des présentes, qui sera imprimée tout au long au commencement ou à la fin dudit ouvrage, foi soit ajoutée comme à l'original. Commandons au premier notre Huissier ou Sergent, sur ce requis, de faire, pour l'exécution d'icelles tous actes requis & nécessaires, sans demander autre permission, & nonobstant clameur de Haro, Charte Normande & Lettres à ce contraires. CAR tel est notre plaisir. DONNE' à Versailles le dixième jour du mois de mai, l'an de grace mil sept cent soixante , & de notre règne le quarante-cinquième. *Par le Roi en son Conseil.* LE BEGUE.

Registré sur le Registre XV de la Chambre Royale des Libraires & Imprimeurs de Paris, n°. I, fol. 15, conformément au Réglement de 1723, qui fait défenses, art. 41, à toutes personnes, de quelque qualité & condition qu'elles soient, autres que les Libraires & Imprimeurs, de vendre, débiter & faire afficher aucuns Livres, pour les vendre en leurs noms, soit qu'ils s'en disent les auteurs ou autrement ; & à la charge de fournir à la susdite Chambre neuf exemplaires prescrits par l'art. 108 du même Réglement. A Paris, le 5 août 1760. Signé, G. SAUGRAIN, Syndic.

DE L'IMPRIMERIE DE MOREAU. 1760.

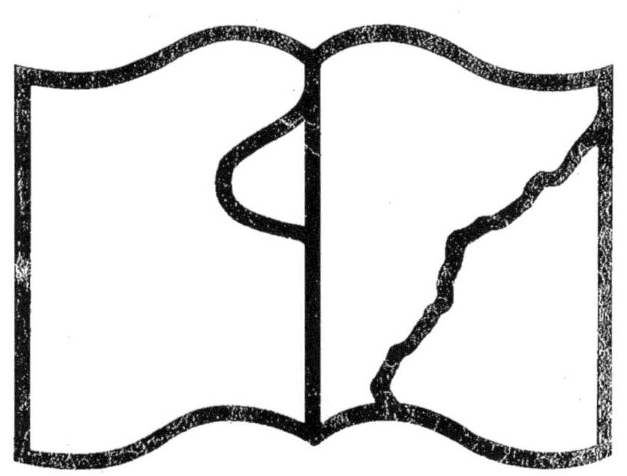

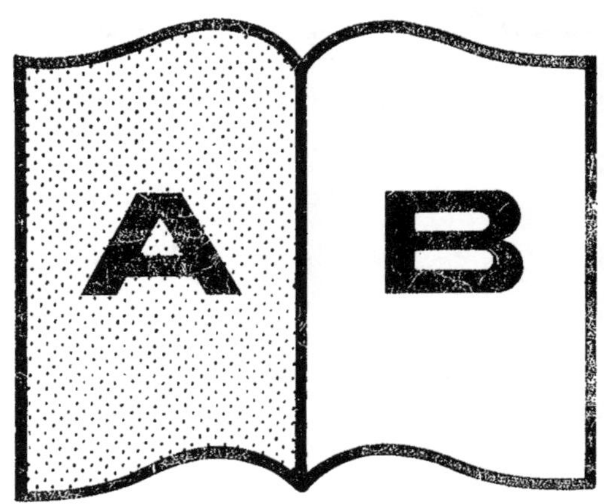

Contraste insuffisant

NF Z 43-120-14

www.ingramcontent.com/pod-product-compliance
Ingram Content Group UK Ltd.
Pitfield, Milton Keynes, MK11 3LW, UK
UKHW020922140726
13695UKWH00003B/935